乡村振兴之
农民素质教育提升系列丛书

柑橘橙柚

高效栽培与病虫害防治技术

罗国求　主编

U0306882

中国农业科学技术出版社

图书在版编目（CIP）数据

柑橘橙柚高效栽培与病虫害防治技术／罗国求主编 . —北京：中国农业科学技术出版社，2020.7

（乡村振兴之农民素质教育提升系列丛书）

ISBN 978-7-5116-4805-1

Ⅰ. ①柑… Ⅱ. ①罗… Ⅲ. ①柑橘类-果树园艺②柑橘类-病虫害防治 Ⅳ. ①S666②S436.66

中国版本图书馆 CIP 数据核字（2020）第 103782 号

责任编辑	徐 毅
责任校对	马广洋

出 版 者	中国农业科学技术出版社
	北京市中关村南大街 12 号 邮编：100081
电 话	（010）82106631（编辑室） （010）82109702（发行部）
	（010）82109709（读者服务部）
传 真	（010）82106631
网 址	http://www.castp.cn
经 销 者	各地新华书店
印 刷 者	北京建宏印刷有限公司
开 本	850 mm×1 168 mm 1/32
印 张	4.875
字 数	130 千字
版 次	2020 年 7 月第 1 版 2021 年 5 月第 3 次印刷
定 价	26.00 元

《柑橘橙柚高效栽培与病虫害防治技术》

编 委 会

前　言

　　我国柑橘栽培历史悠久，长达 4 000 多年；品种繁多，如砂糖橘、南方蜜橘、皇帝柑、沃柑、茂谷柑、马水橘、脐橙、椪柑、沙田柚等。正是由于柑橘种植品种繁多且零乱，上市时间基本相同，柑橘产业常处于国际饱和、国内过剩的严重态势，市场竞争十分激烈。为迎接市场挑战，提高柑橘经济效益，加快柑橘品种结构调整，发展柑橘名优品种成为当务之急。

　　本书第一章至第七章选取了砂糖橘、沃柑、皇帝柑、沙田柚、青柚、红心橙、脐橙等 7 种柑橘名优品种，分别从生物学特性、建园技术、果园管理、采收与采后处理等方面进行了详细介绍。第八章，从病害防治、虫害防治、绿色防治等方面对柑橘的病虫害防治技术进行了介绍。文字通俗、结构清晰、内容实用，可供从事柑橘生产经营、技术推广等相关人员阅读参考。

　　由于时间仓促，水平有限，书中难免存在不足之处，欢迎广大读者批评指正。

编　者
2020 年 4 月

目　　录

第一章　砂糖橘高效栽培技术

第一节　砂糖橘生物学特性

砂糖橘，又名十月橘，最初产自广东省四会市黄田镇沙塘村，因而得名砂糖橘（图1-1）。现在我国的很多地区都有种植。

图1-1　砂糖橘

一、砂糖橘的发育习性

1. 根系

砂糖橘根系的主要功能是吸收和储藏养分和水分，合成氨基酸等有机物质。根系有主根，侧根和须根，通常无根毛，吸收养分和水分依靠与根共生的真菌菌丝即菌根来完成。根群一般分布在表土下 10~40cm，土层深厚的也可达 1m 多深。一年中，砂糖橘的根系和枝梢生长交替进行。两者的生长高峰呈现互为消长的关系，即枝梢生长时根系生长受抑制；枝梢停止生长后新根出现生长高峰。这是由于两者生长所需要的营养物质都是依赖对方供给所致。根系生长需要有叶片供应碳水化合物，枝梢生长要依靠根系吸收的养分和水分。砂糖橘根系最适宜的生长环境是温度 25~26℃，湿度为 60%~80%、pH 值 5.5~6.5、土壤空气含氧量 8% 以上。砂糖橘根系在土温 12~13℃ 开始生长，高于 37℃ 时生长停止。

2. 芽

砂糖橘的芽分为叶芽和花芽，叶芽萌发抽生营养枝。花芽是由叶芽原始体在一定条件下发育转变而成。花芽分化的时期与当年的气候，植株的营养条件有关，秋季温度偏高和冬季低温干旱能促进花芽分化。大年时花芽分化晚，小年时花芽分化早。

3. 枝干

砂糖橘的枝干分主干和树冠。主干是整个树体的支柱，是营养物质和水分交流的通路。砂糖橘的枝梢由叶芽发育而成，一年中可抽 3~4 次梢。春梢是一年中抽生数量最多的枝梢，可分为花枝和营养枝两种。花枝抽生后当年在顶端或叶脉处开花结果。营养枝只有叶片，无花，主要制造养分，发育后可成为翌年的结果母枝。5—7 月陆续零星抽生的夏梢长势不一，抽梢时与幼果争夺养分，常加剧生理落果。秋梢抽发数量较多，生长健壮的秋梢是优良的结果母株，花质好，着果可靠；冬梢生长期短，无利用价值，修剪时应剪除。

4. 叶片

砂糖橘的叶片是制造和储藏养分的重要器官，起光合、吸收和蒸腾作用。叶片的生长与枝梢生长同时进行，一年中以春叶最多。一张叶片从展叶到叶片停止生长大约 60 天，正常情况下不同部位的叶片交替脱落。由于某种原因引起的非正常落叶会影响当年的果实产量，对以后的树体发育、越冬和第二年的开花结果也有不利影响。

5. 花

砂糖橘树花量极大，成年树往往超过 1 万朵，但坐果率低，很多花在花期就大量脱落，落蕾落花数可占花蕾总数的 50% 以上，大多数掉落的是不能发育的小花蕾、畸形花。砂糖橘一般可以自花授粉，也有杂交能力。大多数品种的正常花要进行授粉、受精，当花器发育完全就能授粉受精，形成果实。这个过程首先是花药中的花粉发芽，花粉管伸长，通过花柱进入子房，然后花粉放出两个精子。一个精子的精核与子房中的卵子结合成合子，合子发育成种子；另一个精子的精核刺激子房膨大，形成果实。这就是坐果的基础。

6. 果实

砂糖橘的果实从开花坐果就开始发育。通常成年树的果实成熟时间比幼龄树早。砂糖橘的坐果率为 5%，管理条件好的可达 7%～8%。但总的说，砂糖橘落花落果情况比较严重。从谢花后 1 周开始陆续落果，其中，有 2 次落果高峰，第一次通常发生在 3 月底至 4 月底，小果带果梗一起脱落，称为第一次生理落果。第二次通常发生在 4 月下旬至 7 月上旬，紧接第一次生理落果，从蜜盘脱落不带果梗，以谢花后 20～35 天脱落最多，直至 6 月中下旬才基本结束，称为第二次生理落果。

二、砂糖橘的生命周期

砂糖橘的生命周期指砂糖橘树一生中所经历的生长、结果、衰老和死亡的变化。主要分为幼树期、结果初期、盛果期、结果后期和衰老期。

1. 幼树期

幼树期是指从定植到第一次结果的时期，一般在 3~5 年。此期的特点是树冠、根系生长较旺盛，吸收和光合面积迅速扩大，后期树冠骨架形成，营养物质开始积累。

幼树期的栽培任务主要是加强树体营养，合理修剪、培养健壮的树冠骨架和良好的根系，培养好辅养枝。

2. 结果初期

从第一次开始结果到大量结果之前的时期称为结果初期。此期的特点是结果量逐渐增加，树冠、根系加速生长，花芽数不断增加，是由生长转向结果、营养生长优势向生殖生长优势转化的过渡时期。

结果初期的栽培措施是，一方面保证树体健壮生长，同时，采取适当措施缓和树势；另一方面，要继续整形，适度修剪，看树施肥，生长过旺的树要控施氮肥和控水。

3. 盛果期

从开始大量结果到产量开始下降的时期称盛果期。其特点是树冠、根系离心生长停止、树冠达到最大阴度，结果枝多，结果负荷大，开始出现衰老更新，树冠内部局部空膛。

盛果期的栽培目的是延长盛果期，克服大小年结果。具体措施是做好土壤改良，充分供应肥水、精细修剪，防治病虫害。

4. 结果后期

产量开始下降到丧失结果能力的时期为结果后期。其特点是枝梢和根系大量枯死、骨干枝开始衰老，结果减少，对环境适应能力差。

结果后期栽培措施主要是更新复壮，保持较高产量。要做好深翻改土、加强肥水管理、更新根系和树冠、重剪回缩骨干枝，防治病虫害、大年树疏花疏果。

5. 衰老期

从无结果能力到植株死亡的时期为衰老期。此期的特点是骨干根、骨干枝大衰亡，结果的小枝越来越少。应砍伐清园，另建新园。

第二节　砂糖橘建园技术

一、选地

宜选择土壤结构良好、土层深厚、肥沃的 pH 值在 5.5~6.5 的壤土地块。选择山地、丘陵建园坡度宜在 25°以下；平地、水田果园要求地下水位 0.5m 以下，排灌方便。新建果园要求与有黄龙病柑橘园的直线距离不少于1 000m。

二、果园规划

选择适合当地条件、生长快、树体高、抗风力强且与柑橘类无共同危险性病虫害的树种，一般选择用台湾相思树、银合欢等。

三、山地、丘陵果园建设

1. 开梯田、挖穴

先开等高梯田，然后按一定的株距标准定点挖植穴或开条沟，穴长、宽各 1m，深 0.6~0.8m。

2. 施基肥

每个植穴分层埋入绿肥杂草 70kg、石灰 0.5kg、有机肥 30kg、过磷酸钙 0.5g 并与表土充分混合，回土筑成高出地面 0.2~0.3m 的土墩。

3. 排灌系统设置

（1）环山排洪沟。在果园顶部设置环山排洪沟，切断径流，防止山顶洪水冲入果园。环山排洪沟深、宽不少于0.5m，比降0.2。

（2）纵排水沟。在纵路两侧设宽、深为0.3m×0.3m的排水沟，并每隔20～30m的地方设一个消力池，开成"跌水式"纵沟，消力池宽、长、深各0.5m。

（3）横向排灌沟。每一梯级内侧挖深、宽各0.2m的"竹节沟"，使梯级内多余的积水排至纵排水沟。

（4）浇水设施。在果园顶部挖蓄水池，并配置抽水和浇水设备。

四、平地、水田果园建设

1. 园地准备

犁翻风化、平整土地，然后按一定的株行距起畦或起墩，地下水位低于0.5m以下的起畦种植，地下水位0.5m以下的起墩种植，土墩宽1m、高0.3～0.5m，以后逐年培土扩大成畦。

2. 修建三级排灌系统

（1）畦沟。挖宽0.5m、深0.6m的畦沟。

（2）环园沟。环园沟宽0.7m、深0.8m。

（3）排水沟。排水沟宽0.9m、深1m，通向排水总渠。

五、种植

1. 种苗要求

品系以早熟种品质好、产量高。用枳壳做砧木的苗木，矮化早结丰产，用酸橘做砧木的苗木，树形直立旺长，投产迟。苗高0.5m以上，3～4条主分枝，有二级以上分枝，茎粗0.8cm，根系发达，无明显机械损伤，无检疫性病虫害。

2. 种植时间

秋植宜在 10—11 月秋梢老熟后，也可以在春梢萌发前或春梢老熟后夏芽萌发前种植。

3. 种植密度

平地水田株行距为 3m×3m，每 667m² 植 73 株；山地株行距为 2.5m×3m，每 667m² 植 89 株。也可适当密植。

4. 种植方法

苗干直立，根群均匀分布、舒展，并与泥土密接好，根茎与地面平，覆碎土压实，淋足定根水，植后 2 周内注意淋水、覆盖保持土壤湿润。

第三节　砂糖橘管理技术

一、幼龄树管理

1. 施肥

（1）施肥时间。在梢前 10~15 天施促梢肥，以速效氮肥为主；壮梢肥在新梢自剪时施，以三元复合肥为主。

（2）施肥量。第一年新植树在植后 1 个月出现萌芽时即施促芽肥，宜每 50L 水加 150g 尿素浇 10 株；自剪时每 50L 水加 200g 三元复合肥浇 10 株；以后每次梢的施肥浓度加大，但以每株施肥量 1 次不超 50g 为宜。第二年促梢肥株施尿素 50~100g，壮梢肥株施三元复合肥 50~150g。第三年促梢肥株施尿素 100~150g，壮梢肥株施三元复合肥 150~250g，同时，配合施用腐熟有机肥。

（3）施肥方法。第一年和第二年施肥以水肥泼施或雨后撒施树盘四周为主，第三年开始则在树冠滴水线开 10~20cm 深的环沟，施肥回土。每次梢的壮梢期可根外喷施 1~2 次叶面肥。

2. 水分管理

春夏多雨季节，要及时排除积水；秋冬遇旱要及时浇水、覆盖保湿。2~3 年生树在秋梢老熟后注意控水，以抑制冬梢和促进花芽分化。

3. 梢期安排

幼龄树每年留 3~4 次梢。定植后第一年、第二年每年留 4 次梢，放梢时间：春梢 2 月、夏梢 5 月上旬、第二次夏梢 7 月中旬、秋梢 9 月中旬。第三年结果树留 3 次梢，放梢时间：春梢 2 月、夏梢 7 月中旬、秋梢 9 月上旬。

4. 抹芽放梢

每次基梢自剪前适当摘心促芽。在新芽吐出 2~3cm 时及时抹去，等到每株有 80% 以上的芽萌发，并且全园有 80% 的树萌芽时才统一放梢。在新芽长至 5~6cm，及时疏去过多的弱芽。疏芽时考虑芽的着生方向，每条基梢上只留 2~3 条分布合理的健壮芽。

5. 整形修剪

在新梢老熟后或萌发前用细绳将主枝拉成 50°~60°角（松绑后恢复 45°角），25~30 天后解绳，使树冠开张。及时抹除脚芽和徒长枝；对过长枝梢，保留 8~10 片叶短截。1~2 年生有花蕾的幼龄树要把花蕾全部摘除。

6. 土壤管理

（1）间作。利用空地间作豆科草本绿色植物，保水增肥，防止水土冲刷流失。

（2）中耕除草。在秋季和采果后各中耕 1 次，中耕深度为 10~15cm；除去树盘内的杂草。

（3）培土。种植后第三年开始，柑橘园每年要进行冬季培土，每次培土厚度 3~5cm，逐年扩大树盘。

（4）改土。丘陵、山地果园在植后 5 年内完成深翻改土。在每年秋末草料多时进行或在 11—12 月结合断根控水进行。方法是每次在原定植坑两边各扩 1 个长 0.5m、深 0.4m 的穴，分层埋入绿肥、土杂肥或经腐熟的厩肥、花生麸等，再施入石灰后覆土。每年轮换方向扩 1 次，逐年将种植穴扩大。

二、结果树管理

1. 施肥

（1）施肥次数和时间。

①促花促梢肥：在春梢萌发前施下，以速效氮肥为主。

②谢花肥：根据花量和树势，在谢花后施，以三元复合肥为主，配合叶面喷施。

③促秋梢肥：在 7—8 月放梢前 10～15 天施下，以速效氮肥为主，配合施用有机肥。

④采果前后肥：在采果前 10～15 天，对结果比较多的树或弱树要施 1 次速效肥以恢复树势。采果后施采后肥，以有机质肥为主，加入过磷酸钙、石灰和适量速效氮肥。

（2）施肥量。有条件的果园实行以产计肥，以每产 50kg 果计纯氮 0.5～1kg，施用比为 1：（0.3～0.5）：0.8。可根据上述比例选用花生麸、三元复合肥、尿素和氯化钾，有机氮与无机氮施用比为 4.5：5.5。上述 4 次肥的施用量分别约占全年施用总量的 20%、10%、40%、30%。

（3）肥料种类

可施用尿素、复合肥、磷酸二氧钾等化肥和花生麸、鸡粪等有机肥，主要以有机肥为主、化肥为辅。

2. 培养健壮秋梢

（1）放秋梢时间。在立秋前后开始放梢，但壮旺树和结果少的树可推迟到处暑至白露放梢，老树、弱树、结果多的树则可提早到大暑后、立秋前放梢。

（2）夏剪促梢。夏剪时间在放梢前 10~15 天完成，以短截为主、疏枝为辅。短截衰弱枝群、落果枝、徒长枝等，剪除病虫枝、无效枝。对结果较多的树，适当疏除部分单顶果。剪口粗度 0.3~0.5cm。

（3）壮梢。在放梢前 10~15 天施好秋梢肥。新梢长至 5~6cm 时及时疏芽定梢，每枝保留 2~3 条分布合理的健壮新芽。在新梢转绿期，根据树势进行根外追肥，可喷施 0.3% 尿素加 0.2% 磷酸二氢钾和 0.5% 的硫酸镁混合液，每隔 7~10 天 1 次，共 2~3 次。秋梢期如遇秋旱，要及时浇水促梢壮梢。

3. 促进花芽分化

（1）控水、断根促花。秋梢老熟之后开始控水，对地下水位较高的果园要挖深畦沟，并翻土 10~15cm，锄断表层根群，创造适度的干旱条件，以利花芽分化。

（2）药物促花。秋梢老熟后喷 500mg/kg 多效唑或 20~40mg/kg 2,4-D 溶液 1~2 次，隔 20~30 天喷 1 次。

4. 保花促果

（1）疏梢和摘芽。适当疏剪树冠顶端生长过旺的春梢；及时摘除夏梢，隔 3~5 天 1 次，直到放秋梢或迟夏梢。适当疏除内膛枝。

（2）调控肥水。在花蕾期用 0.3% 尿素、0.2% 磷酸二氢钾、0.2% 硼砂、0.2% 硫酸镁溶液中部分或全部喷 1~2 次。谢花后根据树势和挂果量适当根外追肥；春季如遇干旱要注意浇水保湿，夏季多雨则要及时排除积水。

（3）药物保果。在谢花 2/3 左右时喷 20~30mg/kg 赤霉素溶液，30 天后视坐果情况再喷 1 次 5~10mg/kg 的 2,4-D 溶液。

（4）环割保果。壮旺树在谢花后至春梢老熟期间，当生理落果至理想果量时，选择阴天或晴天，用小刀在主干或主枝上环割一刀，切断韧皮部。

（5）冬季清园。

①除草：在采果前铲除全园杂草，可结合果园深翻改土，将杂草压绿，也可对树盘进行覆盖。

②冬剪：在采果后至萌芽时进行。主要剪除枯枝、病虫枝、短截交叉枝、徒长枝和衰退枝，对剪除的枝条、落叶要及时收集并全部烧毁。

③喷药：在冬剪后，全园要喷药 1 次，主要防治红蜘蛛、锈蜘蛛、介壳虫类和溃疡病。可喷用新鲜牛尿、石硫合剂等。

第四节　砂糖橘采收与采后处理

一、果实采收

1. 采收前的准备

采收前应准备好采果工具，主要工具有采果剪、采果篓或袋、装果箱、采果梯等。

（1）采果剪。采果时，为了防止刺伤果实，减少果皮的机械损伤，应使用采果剪，作业时齐果蒂剪取。可采用剪口部分弯曲的对口式果剪，要求果剪刀口锋利、合缝、不错口，以保证剪口平整、光滑。

（2）采果篓或袋。采果篓一般用竹篾或荆条编制，也有的用布制成的袋子，通常有圆形和长方形等形状。采果篓不宜过大，为了便于采果人员随身携带，容量以装 5kg 左右为好。采果篓里面应光滑，不至于伤害果皮，必要时篓内应衬垫棕片或厚塑料薄膜。采果篓为随身携带的容器，要求做到轻便、坚固。

（3）装果箱。有用木条制成的木箱，也有用竹编的篮子或筐，还有用塑料制成的筐。装果箱要求光滑、干净，里面最好有衬垫，可免果箱伤害果皮。

（4）采果梯。采用双面采某梯，使用起来较方便，既可测节离度，又不会因家靠树干而伤核叶和果实。

2. 采收方法

用于保鲜贮藏的在七八成熟时采收，鲜食的则要充分成熟时采用，高产树和弱树要提早和分批采收。

采果由下而上、由外到内。采收时，一个手托着果实，一个手拿着剪刀采果，为保证采收质量，通常采用"一果两剪"法。第一剪，带果梗剪下果实，通常在离果蒂2cm左右处剪下。第二剪，齐果蒂复剪一刀，剪平果蒂，萼片要完整，以果柄不刺手为度，以免果间相互碰撞刺伤。采果剪要求圆头平口，刀口锋利。采果时用布袋装果，然后倒入果筐，果筐的内壁要衬上平滑的编织布或草垫。采果人员戴软质手套，采果时轻拿轻放，避免机械伤。采果时不可拉枝和拉果，尤其是远离身边的果实不可强行拉至身边。采后放在阴凉处待运（图1-2）。

图1-2　采收砂糖橘

为了保证采收质量，要严格执行操作规程，做到轻采、轻放，轻装和轻卸。采下的果实，应轻轻倒入有衬垫的篓内，不要乱摔、乱丢。果篓和果筐不要盛得太满，以免果实滚落和被压伤。果实倒篓和转筐时均要轻拿轻放，对伤果、落地果、病虫果及等外果，应分别放置，不要与好果混放。此外，还应注意，采收前10天左右停止浇水，不要在降水、有雾或露水未干、刮大风天气采摘，以免果实附有水珠引起腐烂。

二、采后处理

摘果后应当天浸药。选择无病虫害、无机械损伤的果，进行保鲜处理、分级、包装。

1. 保鲜处理

砂糖橘的保鲜处理技术主要是通过抑制和杀灭病原菌进行的，抑菌的药剂大多数的技术人员都选择特可多、施保克等药物，将其与按照一定的比例进行混淆，就能够让砂糖橘得到很好的保存，但是这种存储方法有一个十分严重的弊端，就是很容易导致果肉中乙醇和乙醛的提升，如果这两者的浓度过高就会让砂糖橘的口感大大地降低，甚至出现了苦味。所以，为了避免这种现象，可以采用浸泡法，按照相关要求合理的应用2，4-D药剂，可以在很大程度上增加砂糖橘的保存时间。通常情况下，该类药物的使用浓度不得超过每升200mg。

2. 果实的分级

果实的采摘时要分级的进行，要能够根据果实的大小、色泽、果型以及成熟度等情况来进行水果的分级，在进行果实分级的同时，还要能够将病虫害、机械伤以及腐烂的果实进行剔除。就目前我国的果实分级情况，虽然有人工分级，但是其在分级的过程中还是有应用打蜡生产线的，其主要应用的是滚筒式的分级装置，其主要是为了降低果实的机械性损伤，同时，滚筒式分级装置所产生的机械损伤是其他装置的20%～30%，所以，在果实分级管理中也建议采用滚筒式的分级装置。

3. 果实的包装

砂糖橘的包装主要采用塑料箱包装，并采用厚度在 0.02～0.04mm 厚的聚乙烯进行保存，在箱的内测放置一层吸水纸，并记住在包装好后禁止封口，要能够按照气温状况而有所预留。在预冷方面，因为砂糖橘的采摘时间大致是在 11 月至翌年 1 月，所以，温度较低，可以利用该特点，将砂糖橘放在空旷阴冷的棚下进行保存，然后在第二天进行运输，如果有条件，要将温度控制在 1～3℃，并在果肉的温度低于 3℃ 时再进行运输，这样就能够极大地减少砂糖橘在运输过程中的损失。

三、果实的运输

砂糖橘在运输的过程中要十分注意尽量不要有机械的损伤，尽量减少丢、扔等装车现象，尽量地做到轻装、轻放、轻卸，如果果实的叠加在 5 箱左右后，要放置一块木板以减少下层果实的损伤。除此之外，在冷库存储时，砂糖橘的冷库存储也要有所注意，以 3～6℃ 的冷冻为最佳，要注意通风换气，排除多余的二氧化碳，制冷时也要注意除霜，以避免影响制冷的效果。

【知识链接】砂糖橘周年栽培管理

（一）1—2 月管理

1—2 月果实成熟采摘期，花芽分化期及春梢现蕾期。

此期正值春节前后，是砂糖橘生产和营销最为繁忙的季节。一方面果实进行留树保鲜，待果商看果订货后采摘销售；另一方面春夏秋梢进行花芽形态分化，花的器官在花芽内部形成，最终以现蕾为花芽分化结束。因此，在采果清园后要采取措施，促进春梢生长和长蕾壮蕾，并施足上半年底肥。

1. 前期防寒与降温

大风过后，要检查吹开树冠上用来保温防寒的薄膜，加固膜棚，防止冰雪霜冻给成熟果实造成伤害。另外，遇温度上升较快，要把膜棚的脚膜上卷至距地 1m 高，果厢膜水平方向长度超过 20m 的要剪断，保持空气流通。最高气温达 28℃ 时，膜内温度达 33℃ 以上，这就膜内高温。要采取"开天窗"的办法，用一束香点燃在膜内向膜顶烧穿薄膜，每米开一个直径 10cm 的洞，通风降温，否则，红果转黄、黄果转白，造成糖分下降，干渣变质。

2. 采果

采果前应备好专用果剪，容器等物。凡可能在采收过程中造成果实机械损伤的工具、容器和采收运送方式均要禁用。采果时应十分小心，采用两剪法剪平果柄，以免互相刺伤，采摘容器不宜太大，以免压伤果实，容器只能装 85% 满，过满易造成果筐压伤。果实采收后，需要在 24 小时内用符合卫生标准的腊等进行封装备运，鲜果上市，若遇滞销可进入冷藏待售。

3. 施肥

（1）采果后立即淋施沤制花生麸水+鲁西复合肥（30：5：5）400 倍+狮马或撒可富或其他平衡型复合肥（15：15：15 或17：17：17）200 倍+20% 速溶硼砂 800 倍，迅速恢复树势。

（2）有利天气杀虫清园时兑磷酸二氢钾 600 倍+尿素 300倍+糖醇硼 800 倍，叶面喷施。

（3）清园后施放有机肥，可选用发酵鸽粪、坤益健、紫牛、土根旺、花生麸等，每棵树 2~4kg，天津芦阳复合肥（18：18：19）0.25~0.5kg，钙镁磷肥 1kg，硼锌铁镁钙肥 0.05kg。

4. 清园

采果施速效肥后清洁果园，包括喷药杀虫，消毒防病，收膜，剪病枝，回缩过密枝条，砍除病树，排除积水。

此期主要病虫为红蜘蛛、介壳虫及其他各种越冬害虫卵块、苔藓、地衣。药剂以 0.8~1.0 波美度石硫合剂，或用三氯杀满醇+氧化乐果；或用 8~10 倍松脂合剂+400 倍洗衣粉。也可用阿维菌素+螺满酯（或四螨嗪或乙螨唑）+苯醚甲环唑+吡虫啉+叶面肥喷杀。石硫合剂不但可以杀虫防病还能够产生不容易办到的补钙作用。但应在采果后到 2 月 10 日前使用。荔浦果树一般在 2 月 15—20 日现蕾，石硫合剂喷迟了，对现蕾和长梢都有影响，而且喷石硫合剂后 15 天内不能喷酸性药肥。

此期施肥主要任务是恢复树势和壮蕾促花。促花最重要的元素是磷和硼，但硼一次不能过量，20% 硼砂每棵撒 ≤0.05kg，或对水 ≥600 倍喷淋为宜，否则，易造成微量元素中毒，产生毁灭性的肥害。

（二）3 月管理

3 月壮蕾春梢开花期

挂果树一般在 2 月 20 日前现蕾，现蕾后春梢萌发，也有较迟的春梢带蕾长出，3 月 25 日前后开花。

1. 灌溉

壮蕾开花需要保持土壤和空气有一定的湿度，春旱时淋水促花。

2. 施肥

在开花前一周即 3 月 20 日前后喷含氮、磷、钾、硼及氨基酸的叶面肥，再加上赤霉素（920），每克 75% 的赤霉素（920）对水 50kg，以抵消开花时产生的脱落酸。

3. 防治病虫

此期主病虫害是红蜘蛛、花蕾蛆、蓟马、凤蝶、炭疽病、疮痂病、灰霉病。宜用丙溴磷（或哒螨灵或阿维菌素）+尼素朗（噻螨酮）+噻虫嗪+苯甲嘧菌酯。叶面肥一般不要与防病药同喷。

（三）4 月管理

4 月开花幼果期（第一次生理落果期）

4 月上旬砂糖橘继续开花，单个花朵从开花到谢花要 2～5 天，也有风大时即开即谢的，但对幼果生长不利。花朵大谢时间一般在 4 月 6—10 日，大谢后即开始第一次生理落果。落果头 5 天一般是花器发育不全引起的，属先天缺陷，这些幼果保住了也没用，让其自然淘汰。大谢后 5 天落果是因为开花产生大量的内源激素脱落酸引起的，要提前喷药保果。第一次生理落果期一般从 4 月 1 日至 5 月 5 日持续 25 天。

1. 保花保果

一般在 3 月 25 日至 4 月 10 日的花期不进行叶面喷施。若花前喷了赤霉素（920），可以到 4 月 15—20 日再喷 1 次，否则，要提前到谢花 3/4 时就要喷赤霉素（920），结合叶面肥喷施。叶面肥选用含氮、磷、钾、微量元素及氨基酸的，如果特 5 号、喷施宝等。在 4 月 20 至 5 月 5 日再喷 1～2 次叶面肥。开花消耗了大量的养分，4 月中旬在树冠外围滴水线附近撒 15∶15∶15 复合肥，每株 0.15～0.2kg，促进果实转绿，减少生理落果。

2. 环割

在嫁接口以上进行环割是保花保果的有效措施。水平方向环割闭合圈是阻止叶片光合作用产生的碳水化合物下传，让其直接供应幼果。同时，根系因为没有碳水化合物供应而生长缓慢，吸取的肥料不能满足夏梢集中抽发的需要，达到控梢，减少 5 月后半月第二次生理落果的目的。环割取皮宽度 1.0～2.0mm，深度 1.5～2.0mm 为宜，用 1 号刀或 2 号刀，时间宜在 4 月下旬进行。

3. 防治病虫

防治对象有红蜘蛛、蚜虫、潜叶蛾、疮痂病等。这些虫害用联苯肼酯+乙螨唑+吡虫啉，一次性喷杀或预防。疮痂病用含铜的农药如春蕾王铜、氢氧化铜、噻菌铜或噻霉铜喷杀，不能与酸性农药同喷。4月一般不应有病害，病害应在2—3月处理完毕。4月用药轻了没有效果，重了造成幼果花皮。

（四）5月管理

5月夏梢幼果期（第二次生理落果期）

第二次生理落果期在5月15日前后开始，6月底结束。

1. 控梢保果

该期主要工作就是控制夏梢，因为环割口闭合后，叶片光合作用产生的碳水化合物沿筛网状皮层浸透下传供应根群生长，根群吸收水分和养分大量上传促发大量夏梢，梢果争食产生第二次生理落果。控梢的方法有以梢控梢：以果压梢，喷控梢药，喷杀梢素和人工抹梢。

以梢控梢：原理是少量夏梢生长不会引发大量落果，因而采取疏抹梢的办法。一般在5月中旬，嫩梢长出3~6cm时在树冠表面每30cm留一枝夏梢，其余抹掉。一般4年、5年、6年龄树分别留40枝、50~60枝、80~100枝夏梢为宜。也可按挂果量留夏梢，一般每25个果子留一枝夏梢。

以果压梢：挂果量大的树势中等偏弱的自然长不出夏梢，这时不要疏果（疏果可放在6月下旬至7月上中旬进行）。

喷控梢药：树势旺盛者在5月10—15日夏梢长出前喷25%多效唑350倍+30.5%抑芽丹350倍，避免在11：00—15：00高温时段喷药。

喷杀梢素：一般在5月下旬，夏梢长出2~5cm时选择晴天喷杀梢素，树冠喷杀，3~5天开始枯萎，按说明，以免用量不足无效或过量伤树。

2. 防治病虫

此期幼果有疮痂病、溃疡病、脂点黄斑病、红蜘蛛、蚜虫、潜叶蛾、蚧壳虫。疮痂病，溃疡病用王铜或氢氧化铜或络氨铜喷杀。脂点黄斑病用代森锰锌、米鲜铵、苯嘧甲环唑等喷杀。这些虫类可用噻螨酮（尼索朗）+唑螨酯+噻虫嗪（或啶虫脒），一次性喷杀。

3. 施肥

5月5—15日，施低氮中磷高钾的复合肥，也可撒15：15：15复合肥每株0.15kg+红牛硫酸钾每株0.15kg+微量元素肥每株0.05kg。叶面喷施尿素600倍+磷酸二氢钾600倍+氨基酸适量，促进果实长大，分果块，小果在与大果竞争中败北，优胜劣汰，有意地将保不住的不成器的小果淘汰，大小果争食是第二次生理落果的另一原因。

（五）6月管理

6月夏梢幼果期（第二次生理落果期）

1. 控夏梢

以梢控梢是好办法，既能保果又能保持营养生长与生殖生长的平衡关系。6月主要工作是任5月留的夏梢无限生长，新长出的短嫩梢一律抹掉，如嫩梢太多时可用杀梢素杀梢。

2. 施肥

凡营养不足的树，在6月施用稳果肥，可以显著降低第二次生理落果幅度，提高座果率，若施肥不当，有时会引起夏梢的大量萌发，加剧梢果争食，梢多果小，导致大量落果。氮肥长叶长梢；磷肥长根壮果；钾肥使叶片转绿，壮秆长果。此期应以磷钾肥为主，辅以微量元素。这时要注意补钙，杀虫时加入糖醇钙喷施。钙长果皮内壁，增加果皮的韧度；钾长外皮，增加果皮的厚度。一味的补钾造成粗皮大果，会影响售价。预防裂果的营养措施主要是补钙，其次是补钾。钙的补充以根外喷施，果实容易吸收。

3. 防治病虫

此期幼果有疮痂病，溃疡病，脂点黄斑病，红蜘蛛，蚜虫，潜叶蛾，蚧壳虫。杀虫可用丁硫吡虫啉或苯丁锡或三唑锡+噻螨酮+氟啶脲（或氟虫脲或双甲脒）。

（六）7月管理

7月晚夏梢抽发及果实膨大期

1. 施壮果肥兼攻晚夏梢（早秋梢）

7—9月施肥具有壮果攻梢及和促进花芽分化的作用，对提高当年产量，打下明年丰产基础关系极大，对结果多而树势弱的植株，更需早施。7月上旬每株撒 2.5～4kg 发酵鸽粪或 1.5～2.5kg 花生麸，每株撒 20：10：20 的高氮高钾复合肥 0.15kg，硼锌铁镁钙肥 0.05kg，攻晚夏梢（早秋梢）兼壮果。

2. 剪枝

7月底至8月初进行夏剪，促发8月长出强壮秋梢，其中，挂果量大的在7月中旬剪枝，可提前促发大暑梢。

3. 弯枝

7月中下旬，把以梢控梢留下的 0.8～1.2m 长的早夏梢枝条向下拉弯，打掉它的"顶端优势"，成为来年结果枝，同时，枝条中段又能长出健壮的"骑马枝"秋梢，成为来年的结果母枝。

4. 防治病虫

此期有锈壁虱，潜叶蛾，蚱蝉，蚜虫，溃疡病和炭疽病等。杀虫用可维菌素+螺螨酯+吡虫啉，溃疡病用氢氧化铜，络氨铜或王铜。炭疽病在杀虫时，加苯甲嘧菌酯或吡唑嘧菌酯或代森锰锌。

（七）8月管理

8月秋梢抽发及果实膨大期

1. 抗旱防裂果

本月为砂糖橘裂果的初发期，田间管理预防措施如下。

（1）注重果园旱灌涝排工作，保持果园土壤湿度相对稳定，以利果实正常生长，减轻裂果发生率。

（2）8月初剪枝一周后在出梢前树冠喷施石灰水50倍，补钙降温。

（3）久旱后，在转雨前 2~3 天淋半透水，视果树大小，每株挂果树淋水 15~25kg，让果瓤、果皮缓慢增加水分，不至于久渴的果瓤，遇到透雨（中雨以上降水）后猛然吸水，果皮增长赶不上果内膨胀而产生裂果。

2. 重施壮果攻梢肥

7 月底至 8 月初淋沤制花生麸水+鲁西复合肥（30∶5∶5）400 倍+狮马或撒可富（17∶17∶17 或 15∶15∶15）200 倍，每株 20~40kg。叶面喷施尿素 400 倍+磷酸二氢钾 600 倍，或喷施叶霸或绿丰素氨基酸和倍力钙液，促发大量秋梢，促进果实膨大。

3. 及时放秋梢

挂果树一般在 7 月底至 8 月初剪枝放秋梢。

4. 病虫防治

此期病虫主要有红蜘蛛，锈壁虱，潜叶蛾，蚜虫，溃疡病，炭疽病。杀虫及防治炭疽病用联苯肼酯+乙螨唑+代森锰锌+噻虫嗪。溃疡病多用含铜的农药，与上次同类药变替使用。

（八）9 月管理

9 月秋梢生长及果实膨大期

1. 撑果或吊果

撑果或吊果，避免果实触地变质，坠断树枝。

2. 施肥

9 月下旬，秋梢渐渐转绿，秋叶不但不与果实争取碳水化合物，反而因其参与光合作用而产生大量的碳水化合物就近供应果实，果实始进入迅速膨大期。应在 9 月 20 日前后，每株撒红牛硫酸钾 0.2~0.4kg，微量元素肥 0.05kg，以促进光合作用以及碳水化合物的迅速转运，树势偏弱的果园，还应施 15∶15∶15 的复合肥，每株 0.2kg，或撒花生麸，每株 0.75~1kg，促进果实迅速膨大，并为花芽分化提供物质基础。另外，在 9 月上旬遇弱树还没有萌芽的要摘果剪枝保树，施放氮肥和氨基酸桶肥，喷赤霉素（920）及尿素促梢。

3. 防治病虫害

9月主要病害有炭疽病和褐腐病，可用代森锰锌等杀菌剂防治，主要虫害有叶螨，粉虱和蚧壳虫，可用阿维菌素+螺螨酯+吡虫啉喷杀。

4. 防裂果、日灼

（1）促进秋梢的增长增高，梢叶遮着露天果实大部分阳光，防止裂果和日灼果，同时，健壮的秋梢也是花芽分化的保证。

（2）保持土壤水分始终是防止裂果的有效措施。

（九）10月管理

10月秋梢老熟及果实膨大期

1. 抑制杂草生长

选用自己认为经济有效的措施控制杂草生长。此期控草，有利果树受光、通风，降低果园空气湿度，减少病害发生。

2. 促进花芽分化

10月底至11月中旬，挂果树开始进入花芽分化期，采取促进花芽分化的措施如下。

（1）10月初施磷钾硼肥、氨基酸和少量氮肥，为花芽分化增加必要的营养。

（2）控制水肥，10月中旬开始控制用水量以保证果树及果实的正常生长为宜，不宜过多的淋水，不要施放高氮肥料。

（3）此期多雨时，要在10月上旬喷25%多效唑400倍，抑制营养生长，促进花芽分化。

（4）挂果少树势旺盛的要在10月底用0号刀不取皮环割，促进叶片光合作用产生的碳水化合物往叶腋芽端输送。

（5）高温多雨年份，10初出现晚秋梢的，需要施钾肥和镁，促进晚秋梢在11月下旬老化，再补施磷和硼，后进的梢枝赶上花芽分化的末班车。

3. 病虫防治

主要病虫害有红（黄）蜘蛛，锈螨，粉虱和吸果夜蛾等，用阿维菌素+四螨嗪+敌百虫喷杀。

（十）11 月管理

11 月果实膨大着色期，花芽分化期

11 月初，果实着色转黄，月底逐渐转红。该月昼夜温差大，果实糖分积累快，同时，随着温度的降低，果梢逐渐进入花芽分化期。

1. 加强果实后期品质提升管理

（1）着重降低采果前土壤持水量，排干厢沟积水，采果前土壤的适度干旱，存利降低氮肥效用，可使果汁浓缩，糖度提高，使糖酸比适中，果实风味浓厚。

（2）采取挂树完熟，可使糖度提高 10%～20%，而且果实色泽鲜艳。

2. 水肥管理

继续控制用水量，少施肥，不施氮肥，制水制肥促分化。

3. 病虫防治

盖膜前防红蜘蛛，炭疽病，用药要注意安全期，可用炔螨特+吡虫啉+绿颖矿物油喷杀。

（十一）12 月管理

12 月果实留树保鲜及花芽分化期

砂糖橘 12 月 5—15 日进入成熟期，成熟砂糖橘留树保鲜风险中，天气最为关键，造成留树保鲜果重大损失的灾害性天气主要是低温，冰雪，霜冻和大风，高温也不可忽视。

预防霜冻及其他冷害的最为有效的措施是薄膜覆盖，盖膜完毕时间应该是 12 月 15 日前后。盖膜应采取双厢共膜，膜棚顶距顶果 0.5m 以上。膜下边距地 0.6～1.0m。

第二章 沃柑高效栽培技术

第一节 沃柑生物学特性

沃柑是一种橘子与橙子杂交的柑橘类水果，盛产于重庆、湖南、广西、广东一带。沃柑具有表皮光滑、果实圆润、早结丰产、耐寒性强、成熟期晚、耐贮运等特点（图2-1）。

图2-1 沃柑

一、形态特征

树冠初期呈自然圆形，生长势强，结果后逐步开张；梢枝上具短刺，较浓绿；叶片浓密，阔披针形，叶尖渐尖，叶基楔形，叶缘全缘，翼叶线形；花小，花瓣白色，花柱高而直立，花药淡黄色，花粉活力较高。果实扁圆形，中等大小，橙色或橙红色。

二、物候期

春梢萌芽期2月上旬至中旬，夏梢萌芽期5月上旬和7月上旬，秋梢萌芽期8月上旬至中旬；初花期3月下旬，盛花期4月上旬，末花期4月中下旬，果实成熟期多在翌年2月上旬到3月下旬。

三、品种特性

1. 结果习性

该品种主要以早秋梢为结果母枝，结果枝梢多为有叶花枝，一般树冠中下部坐果率较高。

2. 果实性状

成熟果实的果面呈橙红色，果皮光滑，油胞细密，果顶闭合，近果柄处的果面稍凹，单果重110~230g；果皮包着紧但容易与囊瓣剥离，果肉橙红色，汁胞小而短，囊壁薄，果肉细嫩化渣，汁多味甜。

3. 优点

（1）晚熟价高。成熟期在春节前后，采收期为1—3月，正值水果淡季，此时上市有较好的市场价。

（2）果品优良。果实扁圆形，果皮橙红、光滑、靓丽，易剥皮，果肉细嫩、化渣，消费者喜欢，收获期可溶性固形物达13.1%。

（3）丰产性好。3~4年管理好一点的树，株产可达25~50kg，甚至100~150kg都有可能。较易栽培：相比同为晚熟柑橘的茂谷柑，不用大面积涂白防日灼，省工省时。

4. 不足之处

（1）因生长快，结果多，管理不当容易出现缺素及大小。

特别是以枳壳作为砧木的沃柑，由于丰产性太好，超量挂果现象普遍，以上问题更加严重。

（2）梢枝直立粗枝刺多且长，常给叶片、果实等造成机械损伤，影响果品。

（3）极易感染溃疡病，加上沃柑的刺，更助长了溃疡病的流行与传播。

（4）成熟期正值寒冬季节，存在落果的风险；降酸快，采收后贮藏性较差。

第二节　沃柑建园技术

一、选地

园地的土壤、空气、灌溉水质量必须符合产地环境条件标准的要求。宜选择土壤结构良好、土层深厚、肥沃疏松的地块，pH 值 5.5～6.5；选择山地、丘陵建园，坡度宜在 25°以下；平地、洼地果园要求地下水位 1m 以下，排灌方便。新建果园要求与有黄龙病的柑橘园的直线距离不低于 1 000m。

二、园地规划

根据果园面积、地形、地势和坡向特点，将果园划分为若干个小区。山地、丘陵果园一般每 1.3～4.0hm² 为一个小区，平地果园每 6.7～13.3hm² 为一个小区。山地、丘陵地果园应修成等高梯地。风害严重且面积较大的果园需种植防护林，主林带走向垂直于主要有害风的方向。防护林的树种要选择适合在当地种植，而且必须与柑橘没有共生性病虫害的速生树种。

三、苗木选择

选择具有"三证"(生产经营许可证、植物检疫证、质量合格证)、无病健康苗木。苗高 0.5m 以上,3~4 条主枝,茎粗 0.8cm,根系发达,无明显机械损伤,无检疫性病虫害。砧木以香橙、枳为好。

四、定植

定植时间。裸根苗可春秋季定植。春植在 2—4 月进行,在春梢萌芽前或春梢老熟后夏芽萌发前定植;秋植在 10—11 月进行,在秋梢老熟后定植。秋植要视灌溉条件而定。容器苗全年均可定植。

定植密度和规格。一般定植密度为 60~110 株/667m² (平地适当稀植,坡地适当密植),推荐株距 2~3m,行距 3~4m。种植密度应根据环境、砧穗组合、管理水平及果园规划而定,可适当密植或稀植。

定植前准备。山地、丘陵果园定植前先开等高梯地,然后按株距标准定点种植穴或开条沟,穴长、宽各 0.5m,深 0.5~0.6m。平地、洼地果园定植前要先起好畦,在畦面上按株距定点种植穴,穴长、宽 0.5m,深 0.5~0.6m。同时,要挖好排水沟,沟深 1m 以上。定植前施足基肥,每个种植穴埋入腐熟有机肥 30kg+钙镁磷肥 0.5kg,与表土充分混合,回土筑成高出地面 0.2~0.3m 的土墩。此项工作应在定植前 1 个月完成。在定植前还需完成果园水肥一体化设施建设。

定植方法。按苗大小分级分区栽培。苗直立于种植穴中心,根群均匀分布、舒展,并与泥土密接好,根茎高于地面 20cm 左右,覆碎土压实,覆土不能盖过嫁接口。植后淋足定根水,用杂草等覆盖树盘保湿。

五、定植后管理

如植后无雨，要及时淋水，保持土壤湿润。卷叶严重的植株要适当剪去部分枝叶，出现死苗及时补种。在第一次梢转绿后，施一次稀薄水肥，可用平衡型水溶肥或腐熟饼肥粪水，以后每次梢施 2~3 次肥，及时防治病虫害和抹除主干萌芽。

第三节　沃柑管理技术

一、幼龄树管理

种植后到开花结果前，幼龄树的栽培管理主要是促发各次梢的生长，快速扩大树冠，防治好病虫害，进入第三年达到早结丰产、稳产、优质和高效的目的。

1. 科学施肥

以有机肥为主，化肥为辅，勤施薄施。由于沃柑长势旺盛，易感溃疡病，因此，要控制氮肥的施用量。在每次追肥时，能配合施腐熟饼肥粪水肥效果更好。

种植第一年施肥方法：新植树在第一次梢转绿后，施 1 次稀薄水肥，用 0.3% 平衡型水溶肥通过水肥一体化设施淋施，每株施 5kg 左右；以后每次梢施 2~3 次肥，萌芽抽梢前 15 天 1 次，自剪后 1 次，每次的施肥量逐次加大，但以每株化肥施用量 1 次不超过 50g 为宜。每次壮梢期可结合病虫害防治根外喷施 1~2 次叶面肥。

种植第二年施肥方法：在春节前施冬肥，结合扩穴改土进行，株施腐熟有机肥 10~15kg+复合肥 0.2~0.3kg，绿肥杂草适量，施后覆土，覆土高度 20cm 以上。追肥的施用同第一年树的追肥方法，施肥量适当增大，但每株每次施化肥不超过 100g。

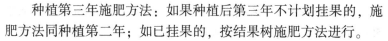

种植第三年施肥方法：如果种植后第三年不计划挂果的，施肥方法同种植第二年；如已挂果的，按结果树施肥方法进行。

2. 水分管理

春夏多雨季节要及时排除积水；秋冬遇旱要及时灌水、覆盖保湿。翌年要挂果的树在秋梢老熟后注意控水，以抑制冬梢和促进花芽分化。

3. 幼树整形修剪

修剪：幼龄树以轻剪、短剪促新梢萌发，扩大树冠为主。在每次梢老熟时，留 20~25cm（6~8 片叶）短剪，促下一批新梢萌发。准备来年投产的树，秋梢老熟后不能短剪，否则，影响来年花量。

整形：对枝条直立的植株，在新梢老熟后或萌发前用细绳将主枝拉成 50°~60°（松绑后回复 45°为宜），25~30 天后解绳，使树冠开张。及时抹除萌芽和徒长枝。

抹芽放梢：每次基梢自剪前适当摘心，以加快枝梢老熟。枝梢老熟后，留 20~25cm（6~8 片叶）短剪，促下一批新梢萌发，在新芽长至 5~6cm 时及时疏去过多的弱芽，疏芽时考虑芽的着生方向，每条基梢上只留 2~3 条分布合理的健壮芽。如此循环，至投产时培养秋梢超过 100 条以上，可进入初挂果期。

梢期安排：幼龄树每年留 3~5 次梢。定植后第一年、第二年每年留 5 次梢，放梢时间：春梢 2 月，夏梢 5 月上旬、第二次夏梢 6 月底至 7 月上旬，秋梢 8 月中旬、9 月底至 10 月上旬。第三年幼龄结果树留 3 次梢，放梢时间：春梢 2 月、夏梢 6 月下旬至 7 月上旬、秋梢 8 月下旬至 9 月上中旬。

4. 幼龄树控花蕾和疏花果

种植后第二年春季，往往会抽出很多花蕾，消耗大量养分，不利于树冠扩大，应采取下述措施。

喷植物生长调节剂及灌水：在最后 1 次梢开始老熟（11—12

月）时喷75%赤霉酸结晶粉1g（或3%赤霉酸乳油50mL）+尿素50g对水15kg，喷1~2次，如果冬旱要灌水保持树势旺盛，能有效控制来年春季开花，促发大量春梢营养枝。

施速效氮肥及疏蕾疏果：在春季抽春梢前10天左右施速效氮肥，加速春梢生长，削弱花蕾、幼果生长，达到自然疏花疏果的目的。人工及时摘除花蕾、幼果，促进快速抽梢。

5. 土壤管理

在果树行间种豆科低矮草本绿肥，保水增肥，防止水土流失。在树盘内不能间种生草。间种作物要适时刈割，覆盖树盘或结合扩穴改土埋入土壤中。在秋季中耕1次，中耕深度为10~15cm。幼树在春节前、翌年结果树在11—12月（结合断根控水）进行。每次在原定植穴两边各扩一个长1m、宽0.5m、深0.4m的穴，分层埋入绿肥、土杂肥或经腐熟的厩肥、花生枯等，再施入石灰后覆土，每年轮换方向扩1次，逐年将种植穴扩大。

二、结果树管理

1. 土壤管理

间种绿肥：利用果树行间空地间种豆科低矮草本绿肥，保水增肥，防止水土冲刷流失。及时对行间间种的绿肥或过高的草进行短剪，原地覆盖。对于雨水冲刷严重易造成根部裸露的果园要进行冬季培土，每次培土厚度为3~5cm，逐年扩大树盘。

2. 肥水管理

推广测土配方施肥及水肥一体化技术，增施有机肥，合理施无机肥和配方肥，改良土壤，促进土壤疏松，增强根系生长。

施肥方法和施肥量：按NY/T 394—2013绿色食品肥料使用准则规定选择肥料种类。可施用尿素、复合肥、磷酸二氢钾等化肥和花生枯、禽畜粪等腐熟有机肥，以有机肥为主，化肥为辅，不施含氯化肥。果园实行以产计肥，以每产50kg果计纯氮0.5~

1.0kg，N：P：K 比为 1：（0.3~0.5）：0.8，可根据上述比例选用花生枯、复合肥、尿素和硫酸钾，有机氮与无机氮施用比为 4.5：5.5。

施肥时期及施肥方法：基肥在"冬至"前后施，以有机肥为主，结合复合肥。方法：在植株树冠滴水线开挖施肥沟，沟深 15~40cm（结果少、树势壮旺结合断根适当深施，结果少、树势弱避免伤根过多适当浅施），株施腐熟有机肥 10~20kg，复合肥 0.5~1.0kg，绿肥杂草适量（适合生草栽培的果园），石灰 0.5kg，硼、锌、镁等中微量元素适量（按使用说明书），混合均匀后施入覆土。本次肥占当年施肥量的 30%。

春梢肥（萌芽肥）：在萌芽前 10~15 天施入，促进春梢生长，花果发育，每株施饼肥粪水肥 10~30kg，配合平衡型复合肥 0.3~0.5kg 淋施。如果上年结果过多、树势弱的要适量每株增施尿素 50~150g。春梢花蕾期可结合防治病虫害进行根外追肥，保花保果。施肥占全年施肥量的 20% 左右。

谢花保果肥：谢花 70% 至谢花后 1 周左右施入，由于开花消耗大量养分，叶色褪绿，常引起大量落花落果，施复合肥以补充养分损失，一般株产 25kg 的果树每株施高钾型复合肥 0.2~0.3kg。注意：结果少、过旺的幼龄结果树不宜施肥，以免造成夏梢抽发过多，梢果争肥加剧落果。施肥量占全年的 5%。

壮果、攻秋梢肥：在放梢前 20 天左右，即 7 月中下旬至 8 月上旬施（挂果量大、树势弱、枳砧的可适当提前）。秋梢是来年优良结果母枝，适宜放秋梢的时间为 8 月上旬至 9 月中旬。攻秋梢肥以有机肥为主，每株施饼肥 1.5~3kg+腐熟有机肥 10~15kg+尿素 0.2~0.5kg+复合肥 1~2kg，沿树冠滴水线开沟施入并覆盖。弱树、挂果量大的树适当增施氮肥，促使秋梢量多、整齐、健壮。这次施肥量占全年的 35% 左右。

追施壮果肥：秋梢抽生后，每个月结合抗旱施 1~2 次水肥，以高钾型水溶肥为主。11月秋梢老熟后要适当控肥。这几次施肥量占全年的10%左右。

3. 培养健壮秋梢

在"立秋"前后开始放秋梢,一般放梢时间在8月中旬至9月上旬。壮旺树和结果少的树可适当推迟,最迟不超过9月底;老树、弱树、结果多的树可提早放梢。在放梢前10~15天施好秋梢肥。新梢长至5~6cm时疏芽定梢,每枝保留2~4条分布合理的健壮新芽。在新梢转绿期,根据树势进行根外追肥,可喷施0.3%尿素+0.2%磷酸二氢钾+0.5%硫酸镁混合液或其他高钾型叶面肥,每隔7~10天施1次,共2~3次。

4. 促进花芽分化

控肥制水,促进花芽分化:当秋梢转绿充实后,开始积累养分,应适当控制肥水,防止萌发冬梢,以免消耗树体养分。在花芽生理分化期适当控水,提高树液浓度,促进花芽分化。多效唑促花。每年花芽分化期,即11月中旬至12月下旬,采取措施防止冬梢萌发,减少养分消耗,保证花芽分化正常进行,以确保翌年果树丰产。使用25%多效唑300~400倍液,喷1~2次,注意喷湿叶面,以不滴水为宜。

环割促花:生长过旺或历年花量少的树,可以进行环割。环割视天气情况,可于12月中下旬进,以割断皮层而不伤木质部为宜,环割部位在主枝或次主枝或分枝局部环状割一刀。环割刀不能割伤木质部,环割后注意肥水管理,不要喷石硫合剂等烈性农药,防止伤口不能愈合造成落叶。

5. 保花保果

根外追肥:开花前至春梢花蕾期,结合病虫害防治进行,主要以喷施硼肥为主,最好结合硫酸镁、氨基酸、磷酸二氢钾等叶面肥,喷施2次,隔15天左右喷施1次。

药物保果:在谢花2/3左右时喷75%赤霉酸结晶粉1g对水

50~75kg（或 3%赤霉酸 250mL 对水 200kg）+0.01%芸薹素内酯 3 000~5 000 倍液+硼肥，20~30 天后视分果情况再喷施 1 次。赤霉酸不能施用多次或浓度过大，以防产生粗皮果。

环割保果：壮旺树在谢花后至春梢老熟期间，当生理落果至理想果量时，选择阴天或晴天在主干或主枝上环割一刀，切断韧皮部。

疏梢和摘芽保果：适当疏剪树冠顶端生长过旺的春梢；如大量抽生夏梢，必须采用人工及时摘除或喷施药物杀梢，以抑制夏梢生长，直到 6 月下旬或放秋梢前，避免因夏梢抽发而造成大量落果。疏果。在第二次生理落果结束后到放秋梢前 15 天进行，疏去弱枝果、串状果、顶生果、日灼果、病虫害果、畸形果、过小或过大果，保持果实分布均匀，叶果比（25~30）：1。防日灼病。6 月下旬后放梢以叶片遮盖果或 7 月中旬后向阳果涂白处理。

6. 结果树修剪

计划密植的果园，出现密闭的情况要及时进行间伐，有利于树体通风透光、立体结果，保证果实品质不下降。此时，加大株行距，减少枝干数量、保持主枝的开张角度是树冠管理上的重要工作，创造有利的着果、不利于病虫蔓延的环境。开天窗。树冠过于密闭时，从树冠中部选择较大的影响树体结构的直立枝、徒长枝、交叉枝剪除，使树体通风透光。间伐。封行密闭时，对果园部分植株进行隔行或隔株间伐。

第四节　沃柑采收与采后处理

一、果实采收

1. 采前处理

采收前病虫害的防治要采用安全间隔期短的农药，或采用生物物理防治。采摘前 10 天要停止灌水。

2. 采收时间

每年 2 月后果实充分表现出品种固有的品质特征（色泽、香味、风味和口感等）才能采收。要注意超过农药的安全间隔期才能采收，确保果品的农药残留量不超过规定的限量标准。

3. 采收方法

高产树、弱树应提早或分批采收，在晴天露水干后才能采果。除特殊要求带叶采收外，正常情况下采用一果两剪法，第一剪离果蒂 1~2cm 处剪下，再将果柄齐果肩处剪平。提倡使用采果袋，轻采轻放。

二、采后处理

选择无病虫害、无机械损伤的果实进行保鲜处理，分级包装。采果后到春梢萌芽前进行清园，以铲除越冬存活的害虫及病菌，减轻第二年病虫害的发生。采果后至萌芽时进行修剪，主要剪除枯枝、病虫枝、短截交叉枝、徒长枝和衰退枝，对剪除的枝条、落叶及时收集并无害化处理。采果后全园喷药 1 次，可喷石硫合剂、矿物油或植物油等药剂。

三、留树保鲜

1. 留树保鲜技术概述

当前，冷库保鲜是应用最普遍的保鲜技术，但成本较高、易造成农药残留。与冷库保鲜相比，留树保鲜不仅成本低，还能使柑橘产期延长、品质提高、效益增加。

留树保鲜技术又称挂树贮藏技术，是指在柑橘即将成熟时，用植物生长调节剂处理和农业技术措施，使果实的果梗基部不产生离层，能在树上保持较长时间而不脱落，也就是说是果实完熟后仍然挂在树上。因此，防止落果和均衡营养是留树保鲜的关键。既要保证果实能安全越冬，同时，又要使树体营养和花芽分化有充足的肥水供应，达到既要使果实留树保鲜，又不影响树势和翌年产量的双重目的。

2. 沃柑留树保鲜措施

（1）防止冻害。长时间的挂果，又恰逢在一年之中最冷的时候，树体为了防御冷冬带来的伤害，呼吸作用加强，如果树体营养充足，抗寒抗旱的能力就比较强，果树不容易冻伤。如果树体营养积累不足，或者树弱已经出现缺素黄叶，则冬季低温极有可能出现冻伤。

建议：微补根力钙+因迪乐精华液+微补 OM45 有机精华，土温高于 15℃ 进行淋根，健壮长势，增强抗冻力。叶喷：微补盖力 500 倍液+微补激活剂 1 500 倍液+微补 RBI 纳米助剂 500 倍液，连喷 2 次，抗旱抗冻。

（2）预防黄叶问题。沃柑果个大，再加上长时间的挂果，果实生长的过程中需要消耗更多的营养，因此，在冬天容易出现大量的黄叶，影响树势，大量黄叶甚至会导致春季大量落叶、大小年问题。

预防黄叶建议每月喷施 1~2 次因迪乐保叶素 1 000 倍液，在白天温度 10℃ 以上，叶片仍有吸收能力。长势弱建议冲施 1 次微补根力钙+因迪乐保叶素+因迪乐精华粉，预防黄叶、落叶，预防果树大小年。

（3）防止退糖、走糖。叶片是果实的工厂，一旦出现大量黄叶，叶片光合作用弱，为树体提供能量不足，果实的营养倒流回叶片中去，最终沃柑就会流失糖分、果实变软，俗称"走糖""软果"。

预防这一问题，需要补充果实中矿质营养和有机营养含量，促进果实中色苷、多酚、类黄酮、肉桂酸等多种有机物质的转化。同时，保住果实的硬度。

建议：微补红果力+因迪乐螯合钙+微补 OM45 有机精华，在果实转色后仍持续喷，每月 1~2 次，持续喷到采摘前。

（4）采后清园。采后清园是防控病虫害的最佳时期，而沃柑持续留树到明年，无法进行清园工作，但防病抗病工作也不可少，否则，潜藏在树体越冬的病虫害基数高，来年春暖花开时，病害易大爆发。

如果天气干旱，需要浇水的时候可以淋微补生防三剑客，按每亩各 500g 淋根或滴灌，提高果树抗病虫能力。

3. 留树保鲜注意事项

同一柑橘园，由于留树保鲜会消耗大量的营养，不利于果树树势，所以留树保鲜不宜连续进行，一般以留树保鲜 2 年、再间歇（不留树保鲜）1 年为宜。同时，留树保鲜留树负载的挂果量不应超过 70%，为提高留树保鲜效果，对挂果量大的果树应适量疏果。可以留 70% 或 60% 比例的果实，将成熟度较好、最大和最小果实先行采收，留中等果进行留树保鲜，这样不但大大减少树体营养的损失，还可以提高优质果率，从而获取更好的经济效益。

【知识链接】沃柑周年栽培管理

（一）1 月：冬季清园期

1. 施越冬肥

大寒前后，挖深沟施腐熟有机肥 2.5~5kg+钙镁磷肥 0.25kg，以利于幼树根系纵向扩展和保证来年枝梢生长，树冠扩大。

2. 促花水肥

对第三年投产树，1 月底淋腐殖酸钾、海藻酸等水溶性有机肥，利于促花防寒。

3. 清园工作

施药消灭越冬病虫，铲除青苔、煤烟等，摘除溃疡病叶，剪除有溃疡病的枝条，再喷药。

有效药剂：噻唑锌/喹啉酮/氢氧化铜+代森锰锌或丙森锌+乙蒜素+毒死蜱+乙螨唑或克螨特等，及时消灭溃疡病、红蜘蛛等病虫。

（二）2月：春芽萌动期

1. 施春梢肥

一般沃柑春梢在2月下旬开始抽发，则在梢前15天施促梢肥，以速效肥料为主，如尿素、高氮复合肥，浓度为0.1%，可雨后撒施或对水淋施，滴水线以外。叶面喷施以高氮为主。

2. 肥后修剪

选择粗壮的秋梢修剪，以促发春梢，统一修剪，整齐放梢。

3. 病虫防治

修剪后（梢前）喷1次，2月底早抽发的嫩芽长1cm长时再喷1次，杀灭柑橘木虱、粉虱、蚜虫和预防溃疡病、炭疽病等。

有效药剂：噻唑锌/喹啉酮+代森锰锌/丙森锌+毒死蜱+氟啶虫胺腈/吡虫啉/啶虫脒。溃疡病药剂轮换使用。

（三）3月：春梢萌发生长期

1. 根外施肥

通过叶面补充营养，促进新梢生长、转绿。前期以高氮叶面肥为主，新梢有10cm以上，喷高钾+水溶有机肥为主，促老熟。

2. 整形抹梢

对密集春梢进行抹除，去弱留强，每枝秋梢桩留2~3条春梢。整形拉线同时进行。

3. 病虫防治

3月上中旬大部分春梢叶片也已展开、叶片转绿前时喷1次，杀灭柑橘木虱、粉虱、蚜虫、红蜘蛛和预防溃疡病、炭疽病等。

有效药剂：噻唑锌/喹啉酮+代森锰锌/甲托·吡唑+乙螨唑+毒死蜱+氟啶虫胺腈/吡虫啉/啶虫脒。溃疡病药剂轮换使用。

（四）4月：春梢生长期、夏梢萌发期

1. 根外施肥

对未老熟春梢，通过叶面补充营养，喷高钾+微量元素+水溶有机肥为主，促老熟。

2. 施夏梢肥

4月中旬约梢前15天，雨后撒施尿素或复合肥，浓度为0.1%，或淋水肥：腐殖酸或海藻酸150~300倍。

3. 摘顶修剪

对即将老熟春梢进行摘顶，促其老熟；春梢老熟后，选择粗壮的春梢短截，以促发夏梢。

4. 病虫防治

摘顶或修剪后，喷1次药剂防治红蜘蛛、潜叶蛾、蚧壳虫、蚜虫、粉虱等，预防溃疡病、炭疽病等。夏梢抽发1cm左右时，在、喷1次药剂防治以上病虫外，结合高氮叶面肥，一梢喷施2~3次药。

有效药剂：噻唑锌/喹啉酮+代森锰锌/甲托·吡唑+乙螨唑/螺螨酯+毒死蜱+氟啶虫胺腈/吡虫啉/啶虫脒。以上重复药剂轮换或组合使用，防治溃疡病，注意全面喷湿，包括地面。

（五）5月：夏梢生长期

1. 根外施肥

通过叶面补充营养，促进夏梢生长、转绿。前期以高氮叶面肥为主，新梢有10cm以上，喷高钾+水溶有机肥+微肥为主，促老熟。

2. 整形抹梢

对密集夏梢进行抹除，去弱留强，每枝秋梢桩留2~3条夏梢。

3. 病虫防治

5 月中旬大部分春梢叶片已展开、叶片转绿前时喷 1 次，杀灭柑橘木虱、潜叶蛾、蚧壳虫、蚜虫和预防溃疡病、炭疽病等。

有效药剂：噻唑锌/喹啉酮+代森锰锌/甲托·吡唑+乙螨唑+毒死蜱+氟啶虫胺腈/吡虫啉/啶虫脒。以上重复药剂轮换或组合使用，夏季多雨天气，注意雨前雨后喷药。

（六）6 月：夏梢生长期、晚夏梢抽发期

1. 根际施肥

雨后施壮梢肥，以速效性复合肥为主。

2. 根外施肥

对未老熟夏梢，通过叶面补充营养，喷高钾+微量元素+水溶有机肥为主，促老熟。

3. 摘顶修剪

对未夏梢进行摘顶，促其老熟；夏梢老熟后，选择粗壮的夏梢（超过 30cm）短截，以促发晚夏梢。

4. 病虫防治

摘顶或修剪后，喷 1 次药剂防治木虱、潜叶蛾、蚧壳虫、蚜虫、粉虱、天牛等，预防溃疡病、炭疽病等。晚夏梢抽发 1cm 左右时，喷 1 次药剂防治以上病虫外，结合高氮叶面肥。

有效药剂：噻唑锌/喹啉酮/氢氧化铜/农用链霉素/抗生素+代森锰锌/甲托·吡唑+乙螨唑+螺螨酯+毒死蜱+氟啶虫胺腈/吡虫啉/啶虫脒。以上重复药剂轮换或组合使用，防治溃疡病，注意全面喷湿，包括地面。

（七）7 月：晚夏梢生长期

1. 整形抹梢

对密集晚夏梢进行抹除，去弱留强，每枝秋梢桩留 2~3 条。

2. 根外施肥

通过叶面补充营养，促进夏梢生长、转绿。萌发期以高氮叶面肥为主，新梢有 10cm 以上，喷高钾+水溶有机肥+微肥为主，促老熟。

3. 施秋梢肥

7 月底，沟施腐熟有机肥+速效性复合肥或尿素为主；或淋水肥：腐殖酸或海藻酸 150~300 倍液。

4. 摘顶修剪

对未老熟晚夏梢进行摘顶，促其老熟；晚夏梢老熟后，选择粗壮的晚夏梢（超过 30cm）短截，以促发秋梢。

5. 病虫防治

摘顶或修剪后，喷 1 次药剂防治潜叶蛾、蚧壳虫、蚜虫、粉虱等，预防溃疡病、炭疽病等。结合高氮叶面肥，一梢喷施 2~3 次药。

有效药剂：噻唑锌/喹啉酮/氢氧化铜+代森锰锌/甲托·吡唑+乙螨唑/螺螨酯+毒死蜱+氟啶虫胺腈/吡虫啉/啶虫脒。以上重复药剂轮换或组合使用；防治溃疡病，注意全面喷湿；夏季多台风天气，注意雨前雨后喷药。

（八）8 月：秋梢萌发生长期

1. 整形抹梢

对密集重叠秋梢进行抹除，去弱留强，留梢 2~3 条。

2. 根外施肥

通过叶面补充营养，促进秋梢生长、转绿。萌发期以高氮叶面肥为主，新梢有 10cm 以上，喷高钾+水溶有机肥+微肥为主，促老熟。

对于第三年投产的植株，喷磷酸二氢钾+水溶有机肥+含高硼锌镁微肥，喷 1~2 次，促老熟、促进花芽分化。

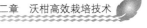

3. 施壮梢肥

新梢长 10cm 时，雨后地面撒施高钾速效性复合肥，或淋水肥；腐殖酸或海藻酸 150~300 倍液。

4. 病虫防治

摘顶或修剪后，喷 1 次药剂防治木虱、潜叶蛾、蚧壳虫、蚜虫、粉虱等，预防溃疡病、炭疽病等。晚夏梢抽发 1cm 左右时，喷一次药剂防治以上病虫外，保证一梢喷施 2~3 次药。

有效药剂：噻唑锌/喹啉酮/氢氧化铜＋代森锰锌/甲托·吡唑＋乙螨唑/螺螨酯＋毒死蜱＋氟啶虫胺腈/吡虫啉/啶虫脒。以上重复药剂轮换或组合使用；防治溃疡病，注意全面喷湿；夏季多台风天气，注意雨前雨后喷药。

（九）9 月：早秋梢老熟期、晚秋梢萌发期

1. 根外施肥

对未老熟秋梢，通过叶面补充营养，喷高钾＋微量元素＋水溶有机肥为主，促老熟。

2. 摘顶修剪

对未老熟的秋梢进行摘顶，促其老熟；秋梢老熟后，选择粗壮的夏梢（超过 30cm）短截，以促发晚秋梢。

对于第三年投产的植株，9 月下旬，早秋梢老熟后，须控制营养生长，抑制晚秋梢/冬梢的抽发，有利积累足够养分，供给花芽分化。叶面喷施：磷酸二氢钾＋水溶有机肥＋含高硼锌镁微肥，喷 1~2 次。

3. 病虫防治

摘顶或修剪后，喷 1 次药剂防治木虱、红蜘蛛、潜叶蛾、蚜虫、粉虱等，预防溃疡病、炭疽病等。晚秋梢抽发 1cm 左右时，喷 1 次药剂防治以上病虫外，结合高氮叶面肥。

有效药剂：噻唑锌/喹啉酮/氢氧化铜/农用链霉素/抗生素＋代森锰锌/甲托·吡唑＋乙螨唑/螺螨酯＋毒死蜱＋氟啶虫胺腈/吡

虫啉/啶虫脒。以上重复药剂轮换或组合使用。

（十）10月：晚秋梢生长、老熟期

1. 整形抹梢

对密集重叠晚秋梢进行抹除，去弱留强，留梢2~3条。

2. 根外施肥

通过叶面补充营养，促进秋梢生长、转绿。萌发期以高氮叶面肥为主，新梢有10cm左右，喷高钾+水溶有机肥+微肥为主，2~3次，促尽快老熟。

3. 施壮梢肥

新梢长10cm时，雨后地面撒施高钾速效性复合肥，或淋水肥，腐殖酸或海藻酸150~300倍。

4. 病虫防治

摘顶或修剪后，喷1次药剂防治木虱、潜叶蛾、红蜘蛛、蚜虫、粉虱等，预防溃疡病、炭疽病等。晚秋梢抽发1cm左右时，喷1次药剂防治以上病虫外，保证一梢喷施2~3次药。

有效药剂：噻唑锌/喹啉酮/氢氧化铜+代森锰锌或甲托·吡唑+乙螨唑+螺螨酯+毒死蜱+氟啶虫胺腈/吡虫啉/啶虫脒。以上重复药剂轮换或组合使用。

（十一）11—12月：晚秋梢老熟期、冬梢抽发期

1. 修剪整形

无论来年是否挂果，都要将未老熟的晚秋梢剪除，对新抽发的冬梢进行抹除，减少树体养分消耗，有利于来年春梢抽发。

2. 叶面喷施

来年不挂果树：11月下旬喷1次赤霉素100mg/kg。

来年挂果树：喷0.5%磷酸二氢钾+水溶有机肥+含高硼锌镁微肥，1~2次。

3. 病虫防治

施药消灭越冬病虫，铲除青苔、煤烟等，摘除溃疡病叶，剪

除有溃疡病的枝条,再喷 1 次药。

有效药剂:噻唑锌或喹啉酮或氢氧化铜+代森锰锌或丙森锌+乙螨唑+毒死蜱或克螨特等,及时消灭溃疡病、红蜘蛛等病虫。

第三章　黄帝柑高效栽培技术

第一节　皇帝柑生物学特性

皇帝柑是我国特定历史文化条件下产生的我国特有的一个柑橘地方农家优良品种。在广东、广西、云南等省区的柑橘区均有大量种植。在历史上，因为其品质特别优良，被封建王朝列为贡品，并在民间发展成为著名土特产，因而被称为"皇帝柑"，见图3-1。

图3-1　皇帝柑

一、形态特征

树势生长强旺，枝条多直立，分枝角度小，树冠呈圆柱形。

叶色浓绿，花量大，果实扁圆形，橙黄至金黄色。一年可抽生春、夏、秋3次梢，有时也可抽生晚秋梢。幼树生长快，萌芽与发枝力强，易形成树冠。

二、物候期

2月底至3月初开始萌芽，3月下旬现蕾，始花期4月上旬，4月中旬盛花，4月下旬谢花，第一次生理落果期在5月上、中旬，第二次生理落果期在5月下旬至6月中旬，5月中旬开始抽夏梢，8月上旬开始抽秋梢，果实11月中旬着色，12月上旬成熟。

三、品种特性

1. 结果习性

黄帝柑主要是以秋梢为结果母枝，也有部分春梢为结果母枝。

2. 果实性状

黄帝柑果形似橙，表皮易剥，果肉甜脆，化渣好，尚未完全转色的果实清甜、爽脆，完全成熟的果实还有蜜味。单果重90g左右，可溶性固形物11%~12%。

3. 主要优点

黄帝柑早结、高产、优质；果实高糖低酸、味浓甜化渣；皮薄、光滑易剥、种子较少。

4. 一些不足

皇帝柑由于皮脆多汁特别容易裂果，此外抗性比较差，易感染炭疽病、褐斑病、溃疡病等，出果容易，出精品果难，对技术要求较高。

第二节　皇帝柑建园技术

一、种苗繁育

1. 砧木的选择

皇帝柑嫁接育苗选用的砧木必须与所嫁接品种的接穗亲和力强，有强大的根系，能保持接穗的优良性状，且生长快，抗逆性强。以酸橘、四川红橘或江西红橘为宜。

（1）苗地选择。要选择交通方便、靠近水源、病虫害少、远离病园、地形开阔、向阳避风、排水良好的地方，其土壤疏松肥沃、pH 值为 6～7、土质以沙质或轻黏壤为宜。

（2）整地起畦。播种前应犁翻晒白，再反复犁耙，使土壤细碎，除净杂草和地下害虫，分层施入腐熟的有机质肥，必要时需进行土壤消毒，然后起畦。畦面宽 100cm，高 20～25cm，沟宽 30cm。

（3）种子处理。种子从优良成熟果实中取出后，通过筛选、清洗，然后放到阴凉通风处晾干至种皮发白，即可播种。如不能立即播种，可用含水量 1%～1.5% 的湿润粗砂，按沙与种子 2∶1 的比例贮藏，每 3～7 天翻动 1 次，以调节沙的湿度。播种前先用 50℃ 温水预热 5～10 分钟，然后移入 55℃±0.5℃ 的恒温热水中浸泡 50 分钟，晾干即播为宜。播种量每公顷 300～450kg。

2. 砧木管理

幼苗出土后，应分次揭除薄膜，拔除杂草，并保持土壤湿润，苗高 7～10cm 时可进行间苗，酌施薄肥。当幼苗有 10 片叶，高 15～20cm 时即可移苗分床。要先准备好苗圃地，施足基肥。移苗时应按幼苗大小分级分床，株行距（10～12）cm×20cm，移苗后应浇入定根水，成活后查苗、补苗，加强肥水管理。

3. 适时嫁接

接穗要选取品种纯正、丰产优质、无危险性病虫害的优良结果母树树冠外围中上部且生长健壮的未着生次生枝的一年生秋梢。要求节密、叶片完整浓绿，芽眼饱满，梢面棱形平整无沟，无病虫害，截取长 17~24cm 枝梢，采下的接穗应即摘除叶片，并用浓度为 1 000 单位/mL 的盐酸四环素溶液浸 120 分钟，再用清水反复冲洗干净，以防止黄龙病等病害的发生。然后每 50~100 条捆成一扎，用拧干水的湿布或湿草纸包扎好，或用湿砂分层贮藏保存。嫁接时间：在大寒前后至春梢萌芽前嫁接为宜。嫁接方法：在离地面 5~8cm 处剪砧，通常采用单芽切接法，然后用超薄嫁接专用膜包扎接芽，砧穗的形成层要对齐。

4. 嫁接苗管理

嫁接后 15 天左右检查成活情况，未接活的要及时补接，要经常抹去砧木的萌蘖（脚芽）。接芽第一次新梢老熟时，可解除所缚薄膜。当第一次夏梢老熟后即在其中上部离接口约 20cm 处剪顶，使其抽生 3~4 条秋梢作为苗木主枝。嫁接后的施肥应与剪顶密切配合，目的是促进枝梢抽生和壮梢。可在春梢老熟后攻 1 次夏梢肥，剪顶前后攻 1 次秋梢肥。要注意防治潜叶蛾、溃疡病等病虫为害，采取 1 梢喷施 2~3 次药。

二、园地选择与建设

根据皇帝柑的生长习性，应当优选气候较温暖（年最低气温最好在 0℃ 以上）、雨量充足、日照时间长的地区。在具体规划时，尽可能做到集中成片，在交通、水源条件好的地方建园。

1. 山地、丘陵果园

（1）选择园地。选择坡度在 30° 以下，pH 值 5.5~6.5 的山地丘陵地，按等高线修筑梯田，或按等高线直接挖植穴。

（2）挖穴及深翻改土。按一定的株行距标准定点挖植穴，要求穴长、宽各 100cm，深 60~70cm。要分层埋入绿肥杂草、腐熟农家畜肥、石灰粉和表土，并要填上高出地面 30cm。挖穴、改土要在种植前 2 个月完成。

（3）排灌系统的设置。山地果园要修建环山排洪沟、纵向排灌沟及梯田后沟，以防洪水冲刷造成水土流失；在山顶建蓄水池，营造蓄水林，并配置抽水设备。

2. 水田果园

（1）整地和起土墩。先将地犁翻风化、平整，然后按株行距起畦或起墩，土墩宽 100cm，高 30~40cm，以后逐年培土扩大土墩。

（2）修建排灌沟。采用 3 级排灌系统，种植后一年开始挖深沟，3 年内达到畦沟宽 40~50cm，深 40cm；环园沟宽 50cm，深 50~60cm。

三、苗木定植

1. 种植密度

常见的种植密度有 2m×3m，667m^2 植 111 株；2m×4m，667m^2 植 83 株；3m×4m，亩植 56 株。种植过密容易导致树梢交叉、结果外移、管理不便及病虫害严重，而种植过稀前期产量低，回收成本周期较长，可根据实际情况自行考虑。

2. 定植时间

裸根苗的种植时间为 2 月中下旬至 4 月中旬，应结合当地气候条件，以橘芽萌动前种植为宜。容器苗一年四季都可以种植，时间上没有局限性，但在冬季种植效果较差。

3. 定植方法

种植前 20 天挖长宽各 80cm、深 60cm 的坑，挖坑时表土与心土分开堆放，每坑放土杂肥 5~10kg、杂草 3kg、钙镁磷肥 0.5kg、石灰 0.5kg，回坑时杂草和石灰放底层，土杂肥、磷肥和表土混匀回坑。

定植时，将苗木放在坑中间，根系要自然展开，扶正，边填回土边轻轻向上提苗、踩实，并培成 1 个高 30cm、直径 60cm 的树盘，注意嫁接口要露出土面 5cm 左右。浇足定根水，促进根和土壤充分结合。

第三节　皇帝柑管理技术

一、幼龄树管理

1. 培养矮化树干

第一年，放梢 3~4 次（以春种为例）：早夏梢（5 月）、迟夏梢（7 月）、秋梢（8 月下旬）、晚秋梢（10 月上旬）。第二年，放梢 4 次：春梢（2 月）、早夏梢（5 月）、迟夏梢（7 月）、秋梢结果母枝（9 月）。第三年初结果树，放 2~3 次梢：春梢（2 月）、夏梢（7 月上中旬）、秋梢（9 月）。每次梢长控制在 20cm 左右。

2. 抹芽控梢

控梢方法是去早留迟，去零留整。每次基梢老熟时适当摘芯促芽，在新芽吐出 2~3cm 时抹去，连续抹 2~3 次，等到每株有 70% 以上的芽萌发，全园有 70% 的树萌发时才统一放梢：每条基梢只能留新梢 2~3 条。

3. 拉线整形

拉线时间在定植后第一次萌芽约 1cm 时进行，分枝角度过小的往下拉，拉枝至放松后分枝角度 40°~45° 为宜。

4. 肥水管理

幼龄树施肥以 "一梢两肥，勤施薄施" 为宜。壮梢肥则在新芽 3cm 至自剪时施，以复合肥为主。第一年最好施水肥，每年至少要有 1~2 次腐熟有机肥（如豆麸等），每次新梢生长期保持土壤湿润。施肥量：一年生树每株全年施豆麸 0.75~1kg，尿素和复合肥各 0.25~0.35kg；第二年每株施豆麸 0.75~1kg，尿素和复合肥各 0.50~0.75kg。此外，每次新梢喷 1~2 次叶面肥。

二、结果树管理

1. 柑园土壤管理

山地、丘陵果园定植后第三年开始扩穴，每年秋梢老熟后进行。每次在原定植坑两边扩穴，穴长 100cm、宽 50cm、深 40cm，分层埋入土杂肥和石灰粉，覆土。每年轮换方向扩 1 次，连续挖 2~3 年。水田柑园每年冬季应培土 1 次，厚度 3cm 左右，作用是增加根群生长空间，延长柑橘生长年限。

2. 排灌和中耕

排灌的总要求是"春湿、夏排、秋灌、冬控"，即春季萌芽、开花小果期应保持土壤湿润；夏季雨水集中容易烂根，应以排水为主；秋季是结果母枝生长和果实膨大期，主要是灌溉；冬季为促进花芽分化，在"冬至"后要控水，壮旺树、山地树要控水重些。在每年秋旱前至冬季，柑园应松土 1~2 次，翻出的土坯不要打碎，以利于保湿通气。

3. 营养与施肥

（1）春梢肥。在春芽萌发前 20 天（一般在 2 月）施，以速效氮肥为主，占全年施肥量 15%~20%；但青壮树、初果树宜"见蕾施肥"。

（2）谢花小果肥。开始谢花时施，尿素加复合肥等，多果多施，少果少施，但要注意控制夏梢萌发。

（3）秋梢肥。培养结果母枝是重点，应占全年施肥总量的 30%~40%，以速效氮肥为主配合有机肥，在放梢前 10~20 天施下。

（4）花芽分化肥。在 11 月花芽分化前施，主要埋土杂肥、有机肥或复合肥，促进花芽分化。

（5）采前（后）肥。老树、挂果多树可在采果前或配合培土施 1 次肥，青壮树可不施。

（6）施肥量。因土质、树势、气候等因素而异，初结果树，每生产 100kg 果施纯氮 1~1.4kg；盛产树，每生产 100kg 果施纯氮 1.2~1.6kg。氮：磷：钾＝1：（0.4~0.5）：（0.8~1.0）。应注意无机肥配合有机肥施用，以花生麸、人畜粪尿、堆沤肥等有机肥料为主；无机氮与有机氮之比不能超过 1：1。

4. 修剪及培养秋梢

（1）夏剪促健壮秋梢。夏剪在皇帝柑放秋梢前 10~15 天进行，首先要合理放秋梢：一是老树、弱树或挂果多树宜放大暑、立秋梢；二是挂果适中青壮树放立秋、处暑梢；三是初果树、挂果偏少的青年树放处暑、白露梢。夏剪以短截为主，疏枝为辅。短截树冠中上部外围的落花果枝、衰退枝和扫把枝等，留 6~10cm 枝桩和 0.7~0.8cm 粗的剪口。复剪后再抹芽 1~2 次，配合施肥就可长出健壮秋梢。

（2）冬剪。在采果后进行，冬剪以疏枝为主，短截为辅。主要疏剪过密交叉枝、细弱结果枝、枯枝、病虫枝，短截外围果球枝和衰退枝；老龄树还要回缩、压顶修剪，以延长结果寿命。

5. 促进花芽分化

（1）断根促花。对于水田或较浅根果园，秋梢老熟或收果后在树盘锄土断根，幼树、壮树可锄 13.2~15.5cm 深，盛产树应浅锄；必须锄断部分根才有效。

（2）药物促花。秋梢老熟后喷 500mg/kg 多效唑 1~2 次，隔 20~30 天喷 1 次；或喷果树促花剂 1~2 次，方法同上。药物促花比其他方法更安全实用。

（3）环割（环扎）促花。对主根深生的壮旺皇帝柑树，可用环割促花，老弱树不宜进行环割促花。环割在12月中下旬进行，幼龄树环割主干，大树割主分枝，也可用环扎方法代替。环割以割断皮层而不伤木质部为宜，环割后要防止落叶和伤树。环割也可配合药物促花。

6. 保花保果防裂果

（1）及时摘除夏芽。谢花时隔几天摇花1次，阴雨天更应注重摇花；壮树要疏去树冠顶部的徒长春梢。夏季及时摘除夏芽，防止落果。

（2）施谢花肥。开始谢花时及时施谢花保果肥，挂果多树可在生理落果期追施1次优质肥或喷施液肥。

（3）药物保果。常用药物有0.2%硼砂、磷酸二氢钾等。可在花蕾至生理落果期选以上药物喷2~4次保果。

（4）环割保果。壮旺树在第一次生理落果结束时环割1次，落果严重的可隔15~20天再割1次。

（5）防止裂果。皇帝柑是易裂果品种，且多在9—11月近成熟期才裂果，因此，往往损失严重。防裂措施是喷1~2次柑橘防裂果素，在5月喷第一次，隔20~25天可再喷1次；配合肥水平衡，秋季覆盖树盘等方法，可把裂果率控制在5%以下。

第四节　皇帝柑采收与采后处理

一、采前管理

1. 施基肥

可结合扩穴改土，施有机肥等，每株施15kg绿肥+10kg畜栏肥+饼肥0.5kg+石灰0.5kg+过磷酸钙0.5kg，并在扩穴沟内灌水，以促进肥料分解。

2. 根外追肥

喷 0.4% 尿素 +0.2% 磷酸二氢钾 +500 倍 5406+0.3 度石硫合剂，促进果实转色，提高品质，又能杀菌防治病害。

3. 防治吸果夜蛾

采用糖、醋、酒、水、烂橘叶、敌敌畏的混合液诱杀。

二、采收与贮藏

1. 采果

皇帝柑的采收季节为 11 月至翌年 2 月底。根据柑橘果实成熟度、用途、市场需要等确定采收期。雨天及果面露水未干时不宜采果。采果者应戴手套，用圆头果剪将果实连同果柄一起剪下，再剪平果蒂，轻拿轻放。按从外到内，从上到下的顺序采摘果实。要求所有盛果的容器内壁光滑，采下的果实应及时运往包装场或储藏库。避免日晒雨淋。

2. 贮藏

可用多菌灵 1 000 倍液或桔腐净 1 000 倍液洗果，间隔 5～7天，待果实发汗后用薄膜单果包装，成箱入库。

三、采后管理

1. 修剪

把病枯枝叶、弱枝、过密枝、横生枝、交叉枝、无结果枝、徒长枝修剪掉，集中烧毁。

2. 防病虫害

可喷 1～1.5 度波美石硫合剂或松碱合剂 8～10 倍，消灭红蜘蛛、锈壁虱、蚧壳虫等。

3. 防寒

可用石灰 10kg+硫黄粉 0.5kg+食盐 0.2kg+水 40kg 混合液进行树干刷白，树冠下培土高 30cm 或铺草覆盖 18～22cm。

【知识链接】皇帝柑周年栽培管理

（一）11月至翌年1月（果实成熟期、花芽分化期）

主要病虫害：溃疡病、疮痂病、炭疽病、红蜘蛛、蚜虫、蚧壳虫。

采果后施基肥，尤其是挂果多的、弱树每株施用1~1.5kg奥农乐土壤调理剂，沿树冠下环状沟施或穴施，施肥沟在树冠滴水线外开沟，不伤或少伤根，离主干距离60~120cm，施肥沟长1.0~1.2m，宽30cm，深30cm，将施用的肥料都要与土充分拌匀，以免伤根。

有根腐、黄化的用青枯立克150~300倍+地力旺300~500倍液+沃丰素600倍灌根；采果后用溃腐灵150~300倍液+沃丰素600倍液喷雾1次；适当控水，抑制冬梢。

（二）2—4月（抽春梢、开花期）

主要病虫害：溃疡病、疮痂病、炭疽病、红蜘蛛、蚜虫、蚧壳虫。

结果树施以速效氮肥为主的促花肥，配施磷、钾肥，疏除过量花序，抹芽，抽梢时用靓果安150~300倍液+沃丰素600倍液+地力旺500倍液喷雾1次，以后每隔10~15天喷雾靓果安150~300倍液；补硼肥、锌肥；雨大时及时摇花，防止沤花、烂花；喷雾大蒜油1 000~1 500倍液+苦参碱1 000~1 500倍液预防红蜘蛛、蚜虫等。

（三）4—5月（幼果期）

主要病虫害：炭疽病、溃疡病、疮痂病、红蜘蛛、锈壁虱、白粉虱、潜夜蛾、蚧壳虫。

根据挂果量和树势施用稳果肥，叶面喷雾靓果安150~300倍+沃丰素600倍液1次，以后每隔10~15天喷雾靓果安150~

300 倍液；补充硼肥、钙肥；结果树抹除夏梢，防止落果。

预防根结线虫：5 月底用淡紫拟青霉（1~2 包）灌根（预防），治疗时一包淡紫拟青霉灌 10 棵树。喷雾大蒜油 1 000 ~ 1 500 倍+苦参碱 1 000 ~ 1 500 倍预防红蜘蛛、蚜虫、蚧壳虫、木虱等。

（四）6—7 月（抽夏梢、果实膨大期）

主要病虫害：炭疽病、溃疡病、锈壁虱、潜夜蛾、椿象、蚜虫、天牛、蚧壳虫、蓟马。

结果树施促秋梢肥，控制氮肥施用量，避免枝梢徒长，和果实争夺养分，造成落果；幼龄树放夏梢，施用壮梢肥，盛果期后的树不放夏梢、继续控梢。抽梢时用靓果安 150~300 倍+沃丰素 600 倍+地力旺 500 倍喷雾 1 次，以后每隔 10~15 天喷雾靓果安 150~300 倍，喷雾大蒜油 1 000 ~ 1 500 倍+苦参碱 1 000 ~ 1 500 倍预防锈壁虱、蚜虫等；补硼肥、钙肥。

（五）8—9 月（抽秋梢、果实膨大期）

主要病虫害：炭疽病、溃疡病、树脂病、锈壁虱、红蜘蛛、潜夜蛾、蓟马。

施壮果肥，幼龄树慎施壮梢肥，淋湿高钾、高钙肥；抽梢时用靓果安 150~300 倍+沃丰素 600 倍+地力旺 500 倍喷雾 1 次，以后每隔 10~15 天喷雾靓果安 150~300 倍；喷雾大蒜油 1 000 ~ 1 500 倍+苦参碱 1 000 ~ 1 500 倍预防红蜘蛛、潜夜蛾等。

皇帝柑小苗定植：每株用奥农乐 0.5 ~ 1kg，配合有机肥使用，将奥农乐 0.5kg 放在要定植的位置上，然后用铁锹等工具将其与土混匀，将皇帝柑苗栽种上，之后可用青枯立克+沃丰素+地力旺浇定植水。

裸根定植用青枯立克 150 倍+地力旺 150 倍+沃丰素 600 倍蘸根，杯苗、带土的橘苗用青枯立克 300 倍+地力旺 300 倍+沃丰素 600 倍浇定植水。

定植密度：栽植密度视栽培方式而定。

常规栽培株行距为 3m×4m 或 3m×3m，667m² 栽 56~75 株。

矮化密植栽培株行距为 2m×3m 或 1.5m×2 或 1m×2m，亩栽 110~333 株，采用矮化密植栽培必须严格按照矮化密植栽培技术实施管理。

（六）10—11 月（果实着色、成熟期）

主要病虫害：溃疡病、炭疽病、脂点黄斑病、树脂病、青苔、红蜘蛛、锈壁虱。

喷雾靓果安 150~300 倍 2~3 次，其中，一次复配沃丰素 600 倍液，促秋梢老熟，给果实补充营养。喷雾大蒜油 1 000~1 500 倍+苦参碱 1 000~1 500 倍预防红蜘蛛等虫害，此时，干燥季节喷雾靓果安、大蒜油对皇帝柑青苔也具有很好的防治效果。

第四章 沙田柚高效栽培技术

第一节 沙田柚生物学特性

沙田柚柑橘属植物，主要产于中国广西壮族自治区（容县，桂林，柳州等地），广东省梅州也种有很多。广西壮族自治区容县沙田村最先种植，因此，称为沙田柚，见图4-1。

图4-1 沙田柚

一、生物学特性

沙田柚是亚热带的常绿果树，枝叶繁茂，四季常青，成年树高5~7m，树冠高大，圆头形（半球形、扁圆形），开张或半开张，长势强健旺盛，枝梢较密，幼龄树枝干上有小刺，叶卵圆形，先端尖圆，叶翼中等人，心形，花白色，花瓣 4~5 片。果实倒心脏形或梨形，重 0.8~2kg，果蒂部短颈状，果实底平或微凹，常有一个圆脐形的印环，群众称为"金钱督"，是沙田柚的特征之一，果皮黄色，中等厚，柚檬中等大，密生微凸，囊瓣长肾形，12~15 瓣，中心柱小，充实；法囊细长，淡黄白色，水汁适中，清甜脆嫩。

二、沙田柚的品种

沙田柚以果肉风味分为酸柚与甜柚两大类，或以果肉的颜色分为白肉柚与红肉柚两大类，也有以果形分为球形柚或梨形柚两大类，还有通过树枝软硬来分类。

通过树枝软硬来分，可分为软枝种和硬枝种。软枝种树形多开长，枝条较小，分枝角度较大，树冠外围的部分枝条稍稍下垂，叶片较小较薄，叶色较浓绿，富有光泽；果实较小，倒心脏形，茎矮，皮较薄，外表较光滑，汁囊较柔软，脆嫩清甜，有密味，硬枝种树形半开张，枝条粗糙；向上生长；叶片较大较厚，叶色较淡；果实较大，梨形，茎高，皮较厚，外表粗糙，汁囊较硬，爽脆，味较淡，稍带有苦味，软枝种比硬枝种结果多，品质好，丰产稳产。

三、沙田柚的栽培环境

沙田柚喜欢温暖潮湿的气候环境，气温在摄氏 13~36℃，雨量年平均在 1 000~2 000mm 的地带，都适宜它的生长发育，最适宜的温度是 21~29℃。广西壮族自治区除容县以外，苍梧、藤县、平南、桂平、贺县、钟山、昭平、蒙山、平乐、荔浦、阳朔、恭城、鹿寨、柳州、宜山、河池、融安、崇左、南宁、凭祥和桂林等地都有种植。此外，广东、四川、湖南等省也有栽培。

第二节 沙田柚建园技术

一、园地的选择

沙田柚是常绿果树，树形高大，根系发达，在疏松、肥沃、湿润、通气良好的土壤中生长良好。因此，种植沙田柚，应选取土层深厚，土壤肥沃，透气性良好的红壤土、沙砾土。山地一般宜选30℃以下山坡地，在向南或东南的山坡开梯田种植，山窝冲积土较理想，河边、溪旁冲积地带等排灌方便的地方，建园最适宜。

二、繁殖方式

沙田柚苗的培育，有嫁接法，驳枝（圈枝）法和扦插法几种，但生产实践中，都以嫁接苗优于驳接苗和扦插苗，故目生产实践中多采用嫁接法繁殖柚苗，驳枝法和扦插法逐步淘汰。

1. 播种

沙田柚的砧木要选用酸柚树（红肉柚或白肉柚均可），到霜降季节柚子已以成熟，果实采后取出种子，及时处理，防止堆积发霉，影响发芽。先用草木灰水洗去种子外面的胶质，再用清水洗妆，然后放入福尔马林1份，清水50份（或硫酸铜1份，清水160份）的稀释液中，浸洗10分钟，取出放置5分钟，随即用清水洗净，在通风的地方阴干，即可播种。

10月准备好经处理过的种子，随即播种，播种时在畦面上先开好横行小沟，行距10cm，每亩用种量15~18kg，可出苗木大约6万株。播种后盖上10cm左右的细土，然后用蕨其草、稻草等其他杂草覆盖畦面，淋水保湿，在方便灌水的地方也可灌1次"跑马水"渗湿地面。干旱时要注意淋（灌）水，经常保持苗圃地湿润，促进种子发芽，幼苗出土后揭去覆盖的草。

2. 嫁接

为了加速苗木的繁殖，以适应发展沙田柚生产的需要，要尽可能利用较小的砧木苗嫁接，嫁接方法有：小芽切接法，枝切接法和"T"字形芽接法，小芽切接法对小砧木更为适用，能提早嫁接，提早出圃。嫁接时期，小芽切接法和"T"字形芽接法宜在3月下旬到6月下旬（气温在15~20℃），嫁接的苗木成活率最高，各地区的气候条件不现，枝条上幼芽萌发的迟早也不同，要看物候的变化情况灵活掌握。

三、种植

有机沙田柚种植时间为9—10月和2—3月。在沙田柚种植的前半年，应选择丘陵区域，设置果园，深挖一个长1.5m，下宽0.8m，上宽1.2m，深0.8m的壕沟（穴），在每个穴位中都应施入有机肥40kg，也可施入一定量的有机物秸秆、杂草、谷壳，将这两者与土壤进行混合、搅拌，将其回填。起畦后架构土墩，保证土墩的高度控制在50cm，直径参数为1.0m。在果园内，应按1∶10比例配置授粉树，授粉树品种选择舒氏柚。做好根系与枝叶的规范性修剪，并将这些放入到穴内，保证根系处于舒展的状态，及时扶正苗木与根部，一边填土一边提拉苗木，能让嫁接的位置与接口浮出地面，用脚踩实。踩实后，应淋入足够的定根水，设置直径为1.2m的树盘，并利用杂草或干稻草进行覆盖。种植完毕后，应及时浇入足量的水，以保证土壤的湿润性与疏松程度，禁止出现杂草。植株发出新根后，可在根前施沼气液肥或稀释的腐熟有机液肥约5.0kg/株，2次/月。同时，应做好病虫害的防治工作，对萌芽等进行药物涂抹，一旦发现有死苗或缺苗出现，要及时补种。

第三节 沙田柚果园管理

一、土肥水管理

在土壤方面，每年 7 月或 11 月，应在树冠的一旁挖掘一个长度、宽度与深度为 1.5m×0.6m×0.7m 的施肥坑穴，将杂草、有机肥、鲜绿肥等施入该坑中，使得肥料与土壤相互融合，每年在挖坑时都要更换位置。在间作方面，间种矮生豆科植物或绿肥等固氮作物来对土地的肥沃力度进行培养，在选择间作作物时，其生产管理模式应从有机生产的角度着手，保证在操作的过程中不会影响沙田柚的正常生长。同时，为了避免水土流失、水肥流失，应利用杂草或稻草等进行覆盖，保证覆盖物距离树干的距离控制在 12cm 左右。为了满足有机沙田柚的生长需求，必须强化对营养元素的及时补充，主要施入一定量的腐熟有机堆肥、沼气液肥，同时，还要施入有机沙田柚的专业复合肥，及时为有机沙田柚补充营养元素。为了满足有机沙田柚的需求，应强化对有机肥和叶面肥的施入，为沙田柚补充所需的养分与能量。一般情况下，施肥的主要时期是 2—3 月、5 月上旬、6 月上中旬和采果前 15～20 天 4 个时期，对肥量的要求最大，应勤施薄施。全年各时期施肥量以萌芽肥占 30%、稳果肥占 20%、壮果肥占 35%、采果肥占 15% 为宜。幼年树生长季节要保持园内湿润，梢期保证水分充足。冬季要适当控水，雨季要尽快排除积水。结果树春、夏、秋季，要保持土壤相对湿润，既要防湿度过大，又要防旱，久旱后 1 次灌水不能过湿。冬季适当控水，但叶片过卷时，应及时分次淋水，但不能1 次过湿。

二、整形修剪

多主枝自然圆头形宜干高 35~40cm，无明显主干，主枝 3~4 个，分布错落有致，分枝角度 40°~50°，各主枝上配置副主枝 2~3 个。圆头形宜干高 40~50cm，有明显主干，主枝 3~5 个，分布错落有致，分枝角度 40°~50°，主枝上副主枝 3 个以上。幼树定植第一年，春梢萌芽前约 10 天，在无分枝单干苗离地面约 40cm 处剪顶，选留健壮分枝 3~5 条春梢作主枝，夏秋梢抽出后，各留 3~4 条作副主枝和枝组；多分枝的留 3~5 条作主枝，其余剪掉。每次新梢萌芽后要及时抹芽控梢放梢，过长枝留 40~45cm 剪顶。以轻剪为主，除剪除病虫枯密枝外，3 年生树冬剪时，适当保留树冠中下部及内膛无叶枝、弱枝。初结果期春梢萌芽前 10~15 天，适当短剪树冠周围弱末级梢，疏剪树冠顶部直立、过密枝和内膛干枯枝；抹除夏梢，但结果少、树冠小的树应适当留夏梢，扩大树冠；秋梢抽出前约 10 天，适当回缩衰弱枝组、过长末级营养枝。仍以轻剪为主。剪除病虫枯密枝，续留树冠中下部及内膛无叶弱枝。盛果期每年只放 1 次春梢。春梢萌芽前及时回缩结果枝、衰弱枝、落花落果枝组；生理落果结束后至冬季清园前开"天窗"；结果后逐年疏剪近地荫枝。剪除病虫枯密枝，续留树冠中下部及内膛无叶弱枝。衰老期春梢萌芽前 15~20 天，重回缩树冠外围的营养枝、衰弱枝组和骨干枝的延长枝，促发强旺春梢；极衰弱树，可在春季进行主枝或副主枝露骨更新，重新培养树冠。

三、病虫草害防治

沙田柚常见的病虫害主要有脚腐病、黑星病、炭疽病、红（黄）蜘蛛、锈蜘蛛、花蕾蛆、矢尖蚧、潜叶蛾、蚜虫、桔实雷瘿蚊等。防治上要从有机柚园生态系全局考虑，掌握病虫发生规律，坚持防重于治的原则，以生态调控为基础，综合运用生态调控、物理防治、生物防治等措施防控沙田柚病虫草害，确保有机沙田柚生产质量与生态环境安全。严格检疫，防止检疫性病虫草害传播蔓延；维护柚园生态平衡，创造有利于沙田柚害虫天敌生长的环境，利用自然因素将害虫的发生程度控制在较低水平。引进培育抗病虫良种；土壤管理，在冬季采果后，翻松土壤表层8～15cm，降低病虫源，春、夏季保留柚园杂草，有利于天敌栖息和土壤墒情抗旱保湿；科学管水，及时排灌；合理整形修剪，保证树冠通风透光，抑制和减少病虫害；清洁柚园，果子采收后，及时将病虫残枝、病叶、清理干净，集中进行无害化处理，保持柚园清洁。利用害虫活动习性进行人工捕杀、钩杀天牛、蚱蝉、金龟子，刮杀害虫卵块和幼虫等，黄板诱杀，柚园在春季3月后，每亩挂20～25张黄板，高度在沙田柚的中上部树枝上，诱杀蚜虫、矢尖蚧成虫、花蕾蛆成虫、黑刺粉虱、粉虱、潜叶蛾等害虫，待黄板粘满虫后更换；灯光诱杀，3—10月，每30～40亩柚园安装频振式杀虫灯或太阳能杀虫灯1盏，高度为高于地面1.7～2.0m，诱杀潜叶蛾、食心虫、玉蝶、叶蝉等趋光性害虫；趋化性诱杀卷叶蛾；性引诱剂诱杀小实蝇成虫等多种害虫；果实套袋避害，防虫、防病、防日灼，主要防止实蝇成虫在果实上取食和产卵；梯壁种草，为捕食螨提供栖息场所，改善柚园生态环境；夏天高温干旱，可以割百喜草覆盖树盘；防虫网阻隔；田间铺银灰膜或悬挂银灰膜条驱避蚜虫；树干涂白预防。

第四节　沙田柚采收与采后处理

一、采收技术

一般秋分以后，沙田柚开始转入成熟阶段，果皮由青绿色逐渐转为黄色，果肉丰满多汁，味道由苦变甜。到霜降至冬至时，沙田柚基本成熟。生产上以果皮带黄绿至橙黄色，果肉变软，风味浓甜有，香气时开始采摘，时间为 10 月下旬至 11 月中下旬。

采果前首先要清洗消毒贮藏仓库，准备好采摘工具，如采果剪，采果筐，采果梯等。同时，要求采果人员一律剪平指甲，以免划破柚果皮，并禁止饮酒。采收的天气最好选在晴天 8：00—11：00 或 16：00—18：00 进行，若遇无法避免的阴雨天采果，则果实发汗预贮时间要适当延长。采果时应采用"一果两剪法"，既先用左手轻握果体，右手用果剪或枝剪把果剪下，然后沿果顶把果蒂剪去，剪果时不能刺伤果萼或果肩，以免影响贮藏；若是高位果或柚树高大，则要用梯凳采果，或用高枝剪仰剪，以拉索网袋盛果，然后剪平果蒂，避免落地损伤或强行扯拉；剪下的果注意轻拿轻放，切忌抛掷，尽量避免各种机械损伤。

二、选果与分级

柚果采收后，在果园中首先要剔除病虫危害严重、畸形、自然脱落、机械伤或过小的果实。作为商品果则要经过精心挑选和分级。按国家农业部制定的"沙田柚等级标准"可分为 1 等和 2 等 2 个等级；按果重可分为特级、1 级、2 级、3 级四个级别：特级柚果要求单果重 1 500g 以上，1 级果 1 250~1 499g，2 级果 1 000~1 249g，3 级果 750~999g。商品果要求果形端正，着色好，果面光滑清洁，无机械损伤，可溶，陲固型物在 11% 以上，总酸量 0.4% 以下，固酸比 27：1，可食率 40% 以上。

三、洗果预贮和打蜡

沙田柚从果园中采回后常带有灰尘、污垢、雨斑或病菌，影

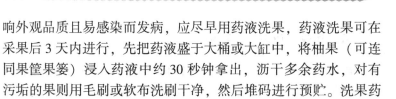

响外观品质且易感染而发病，应尽早用药液洗果，药液洗果可在采果后 3 天内进行，先把药液盛于大桶或大缸中，将柚果（可连同果筐果篓）浸入药液中约 30 秒钟拿出，沥干多余药水，对有污垢的果则用毛刷或软布洗刷干净，然后堆码进行预贮。洗果药液可选用托布津、科力鲜、多菌灵、苯来特、特克多、抑霉唑以及一些果蔬或柑橘专用保鲜剂等。

沙田柚在采后至包装前，必须先将果实置于通风、干燥、阴凉的地方进行短期贮藏称为预贮，主要有发汗，预冷散热和愈伤防病的作用。预贮时可原筐叠码在果棚或预贮室内，保持自然通风，预贮时间 2~3 天，失水 3%~4% 为宜。另外，柚果打蜡可以降低呼吸作用，延缓果实衰老，增加果皮光泽度，是沙田柚商品化生产的必然趋势。目前，蜡料种类较多，如 2 号及 3 号果用涂料以及 CFW 水果保鲜蜡、保鲜果蜡 A 型、美国仙亮果蜡、亮杰果蜡等。涂蜡方法可采用机械和手工涂蜡两种，在涂果量不大的情况下可采用手工木制槽涂蜡；若果量大，则采用专门的涂喷打蜡机进行。

四、包装与贮藏

柚果的贮藏包装主要是应用薄膜单果包装袋包果，以减少果实失水失重或腐烂感染。聚乙烯薄膜袋的规格为 35cm×26cm，厚度 0.02mm；另外，据试验表明，由北京化工院研制的 HS 果蔬保鲜膜（袋）对沙田柚进行包果保鲜效果十分显著；柚果商品化处理后，一般要贮至元旦或春节调运销售，通常可移至通风库贮藏。入库贮藏初期，除雨天，雾天外，应昼夜打开通风库门窗，以尽快降低室内湿度和温度；12 月至春节前后则每隔 2~3 天通风换气 1 次；开春后，库温升高，白天应密闭门窗隔热，而夜间和清晨应开窗通风降温，并及时检查去除烂果。

五、运输时应注意的事项

随着市场的需求，沙田柚常需南北调运，柚果在商品调运时，要使用统一的纸箱装果，一般20～25kg/箱。装运期间要注意小心轻放，避免机械损伤，如撞击、摩擦、挤压、跌落等现象，堆码不能太高，每层之间可用竹片或木板间隔，汽车运输时保持中速，若遇严寒或日晒雨淋，应用篷布遮盖，并保持车厢内的气候环境适宜，若车厢内温度超过8℃时，要及时打开通风箱盖或半开车门通风降温，当车外气温低于0℃时，则需堵塞所有通风口，或采取车厢内加温措施，保持柚果不受冻害。

【知识链接】沙田柚周年栽培管理

（一）12月至翌年1月栽培管理

物候期：花芽形态分化期。

防治对象：黄龙病、越冬病虫害。

1. 主要防治措施要点

（1）采果后应全园逐株进行柑橘黄龙病树检查，发现柑橘黄龙病树要立即挖出。

（2）煤烟病、蚧类、粉虱类、蚜虫等发生严重的，可在采果后用98.8%刹死倍200倍+蚧螨清800～1 000倍喷雾1次或单用防治。

（3）柑橘红蜘蛛、锈蜘蛛等发生严重的果园，在采果后用98.8%刹死倍200倍+57%剑效2 000～3 000倍喷雾1次防治。

2. 栽培技术要点

（1）冬季清园。采果后剪除溃疡病枝、叶和蚧类、粉虱类严重的枝条及其他病虫枝、枯枝，剪除夏梢残桩、晚秋梢和冬梢，清除病叶、落叶等集中园外烧毁。

（2）冬剪回缩外围衰弱的结果枝组，密植园或雄旺树搞好"开天窗"处理，疏除贴地枝组，抬高树冠。

（3）挖大坑重施混合堆沤腐熟的农家肥为基肥，株施农家肥 25~50kg，花生麸 2~4kg，钙镁磷 3~5kg，石灰 1kg，持力硼或志信大地硼 10g。

（4）搞好树盘培土，主杆、主枝刷白。

（二）2月栽培管理

物候期：春梢萌发期、现蕾期。

防治对象：越冬病虫害。

1. 主要防治措施要点

（1）煤烟病、蚧类、粉虱类、蚜虫等发生严重的，在翌年春芽萌发前再用98.8%刹死倍 300 倍+50%灭虫露1 000~1 500倍喷雾 1 次防治。

2. 柑橘红蜘蛛、锈蜘蛛等发生严重的果园，在采果后用98.8%刹死倍 200 倍+57%剑效2 000~3 000倍喷雾 1 次防治，翌年春芽萌发前继续用98.8%刹死倍 200 倍+57%剑效2 000~3 000倍喷雾 1 次防治。

2. 栽培技术要点

（1）萌芽前 7~10 天浅沟追施萌芽肥，株施 45%复合肥0.5~0.75kg，叶黄弱树增施尿素 0.15 ~ 0.25kg + 多量元素0.5~0.7kg。

（2）春季补充修剪，回缩过长的已结果枝和萌芽力弱的衰弱枝。

（三）3月栽培管理

物候期：春梢生长期、蕾期。

防治对象：红蜘蛛、橘粉虱、蚜虫。

1. 主要防治措施要点

（1）春季防治可用扫螨净1 500 ~ 2 000倍或 5% 噻螨酮

1 500~2 000倍或单甲脒1 000倍+虫螨克3 000~5 000倍防治。

（2）橘粉虱、蚜虫可分别选用15%金好年+1 500~2 000倍或10%百福灵1 000~1 500倍，防治粉虱时需注意在成虫高峰期后10~15天才用药防治孵化幼虫。

（3）花蕾蛆在花蕾露白前每亩用4%巴农2~3kg撒毒土，或用40%锌硫磷400~600倍在花蕾现白时撒施或泼浇防治。

2. 栽培技术要点

（1）叶面追肥。蕾期至花前用速乐硼或志信高硼1 500~2 000倍加绿芬威2号800~1 000倍或叶绿梢壮1 500~2 000倍叶面喷施1~2次壮花壮梢。

（2）疏花。花量大的树及时把部分着生位置不好或较衰弱的花枝从基部剪除，在花蕾现白期一根花枝留下1~2球发育较平均、健壮的花序，把其余过密生的花序疏除，对保留的每球花序把畸形、发育迟缓、弱小的花朵带梗疏除，保留3~4朵发育良好的健壮花。

（3）中下旬每株淋施沼液和腐熟麸粪水50~100kg壮花壮梢。

（四）4月栽培管理

物候期：春梢转绿期、花期、生理落果一期。

防治对象：疮痂病、炭疽病、红蜘蛛、灰象甲。

1. 主要防治措施要点

（1）谢花后即用药1次防治疮痂病、炭疽病，可选用80%新万生600~800倍混加25%使百克1 000倍或80%大生M-45对水600倍混加40%猛龙600倍。

（2）4月上旬在橘粉虱成虫出现高峰期后10~15天用药防治；结合防治蚧类一代若龄虫，可和52.25%绿氰毒死蜱1 000~1 500倍或40%破壳1 000~1 500倍防治。各虫用药均连用2~3次，隔10天1次，并可兼治灰象甲。

（3）红蜘蛛可用阿维菌素 3 000～5 000 倍或 5% 噻螨酮 1 500～2 000 倍或四螨嗪 1 500～2 000 倍防治。

2. 栽培技术要点

（1）人工异花授粉。花期及时用酸柚、砧板柚的花粉对当天开的沙田柚柚花进行人工异花授粉，提高坐果率。

（2）看树势强弱在谢花后施 1 次稳果肥，株施复合肥 0.2～0.5kg，对沼液或麸水淋施。

（3）叶面追肥。在花后和幼果期各喷一次，分另用绿芬威 1 号 800～1 000 倍或志信果圣 1 500～2 000 倍加 1.6% 植物龙水剂 1 000～1 200 倍以及维果高硼 1 000～1 500 倍加志信高镁 1 000～1 500 倍各喷一次。

（五）5 月栽培管理

物候期：生理落果二期幼果期、夏梢生长期。

防治对象：溃疡病、炭疽病、矢尖蚧。

1. 主要防治措施要点

（1）春梢转绿老熟期，为溃疡病防治关键，需连喷 1～2 次杀剂防治并可兼治炭疽病。分别选用 77% 可杀得 400～600 倍或 80% 必备 400～600 倍或 2% 加收米 600～800 倍。

（2）矢尖蚧等蚧类在 5 月上旬始注意用绿氰毒死蜱 1 000～1 200 倍防治低龄幼虫。

（3）5 月中下旬，桔粉虱用 20% 冬年好 1 000～15 000 倍或 40% 乐蚧松 1 000～1 500 倍杀灭第二代低龄幼虫。此代发生量最大，需连喷 2～3 次防治。

（4）红蜘蛛、锈壁虱可用阿维 3 000～5 000 倍，或用 5% 噻螨酮 1 500～2 000 倍喷雾 1 次防治。

2. 栽培技术要点

（1）浅沟施入速效性壮果肥，以 45% 复合肥为好，株产 50kg 果须施肥 0.3～0.4kg。

（2）5月上旬开始第一次疏果，疏除畸形果、病虫果、小果、过密过多果。

（3）叶面追肥。壮梢保果，主要补充锌、镁、硼等微量元素，可用志信高锌、志信高镁、志信高硼等系列水溶性强，叶片利于吸收的优质叶面肥稀释1 000~1 200倍喷雾1~2次。

（4）注意搞好果园排水，避免渍水而影响根系的吸收。

（六）6月栽培管理

物候期：生理落果二期、果实膨大期。

防治对象：溃疡病、锈壁虱、黑炸蝉。

1. 主要防治措施

（1）6月上旬用药防治幼果溃疡病，分别选用灭菌威400~600倍，或用80%必备400~600倍，或用2%加收米600~800倍喷雾1次防治。

（2）重点抓好锈壁虱防治，用药1~2次，分别喷80%大生可湿粉600~800倍，或用80%新万生600~800倍等药防治。

（3）下旬夜间持灯人工捕杀黑炸蝉。

2. 栽培技术要点

（1）6月上旬末完成第二次疏果，视树势强弱，再次将过多的小果或过密的大果疏除；定果量达为最丰产的果数量80%即可，提高单果重。

（2）提倡果实进行套袋栽培，采用单层黄色半透光牛皮纸袋效果好。

（3）中下旬施入以硫酸钾为主的第一次壮果肥，挂50kg果株需0.3~0.5kg+多量元素，如遇天旱可对粪水、沤熟麸水淋施。

（4）抹除零星抽发的夏梢。

（七）7月栽培管理

物候期：果实膨大期。

防治对象：橘粉虱、锈壁虱、黑炸蝉、蚧类。

1. 主要防治措施

（1）橘粉虱第三代成虫出现在 7 月上旬，成虫高峰期后 7～10 天用 15%金好年 1 500～2 000 倍，或用 20%百福灵 1 000～1 500 倍防治。

（2）蚧类用石硫合剂 200～500 倍或乐斯本 1 000～2 000 倍防治。

（3）搞好虫情测报，继续抓好锈壁虱防治。

（4）继续人工捕杀黑炸蝉，每 7～8 天 1 次。

2. 栽培技术要点

（1）夏梢抽量大，采用"留桩重截法"控梢。不直接从芽眼处抹掉，可在夏梢盛发期在夏梢基部留 2～3cm 处重短截，使保留枝桩抑制其他芽眼萌发，冬剪时再剪除，起控梢壮果作用。

（2）如发现果实表面有流胶现象，用志信高硼 1 000 倍加天达 1 000 倍全园喷雾 1～2 次克服矫正。

（八）8 月栽培管理

物候期：果实迅速膨大期。

防治对象：锈壁虱、黑炸蝉。

1. 主要防治措施

继续抓好锈壁虱防治，用药 1～2 次。分别喷 80%大生 600～800 倍，或用 80%新万生 600～800 倍等药物防治。

2. 栽培技术要点

（1）8 月上旬施第二次壮果肥，株施 2%的沤熟麸水或粪水 50～100kg。

（2）连续干旱 10 天以上即需灌水壮果，灌水后用杂草覆盖树盘。

（3）进行树冠撑果，抬高果实与地面距离，避免疫霉褐腐病的浸染，发现严重病虫果及时疏除。

（九）9月栽培管理

物候期：秋梢生长期、果实迅速膨大期。

防治对象：疫霉褐腐病、煤烟病、红蜘蛛、锈壁虱、蚧类。

1. 主要防治措施

（1）果实疫霉褐腐病用50%福帅得2 000~2 500倍，或用50%锐扑500~800倍喷雾1~2次防治。

（2）煤烟病98.8%剁死倍乳油300~350倍或80%大生600~800倍，或用80%新万生600~800倍喷雾2~3次防治。

（3）红蜘蛛、锈壁虱用73%克螨特2 000~3 000倍混加98.8%剁死倍200~300倍防治。

（4）蚧类用48%绿亨毒死蜱1 000~1 500倍混加25%噻秦酮1 000倍。

2. 栽培技术要点

（1）施第三次壮果肥，以硫酸钾为主，每株0.3~0.5kg+果旺0.3kg，如遇天旱可对粪水、沤熟麸水淋施。

（2）连续干旱应灌水壮果，注意下旬开始控水促花芽分化。

（3）树盘中耕除草，铲除杂草覆盖树盘。

（十）10月栽培管理

物候期：花芽生理分化期。

防治对象：疫霉褐腐病。

1. 主要防治措施

雨后及时用药防治果实疫褐腐病，可分别用50%福帅得悬浮剂2 000~2500倍，或用65.5%扑霉特乳油600~800倍，或用50%锐扑可湿粉500~800倍喷雾1~2次防治。

2. 栽培技术要点

（1）上旬对健旺树采用主枝环割或全树喷15%多效唑（500~700）×10^{-6}（每165g对水50kg的浓度）喷雾促花。

（2）继续撑果，避免疫霉褐腐病的为害。

（3）叶面喷施可用花多壮1 500～2 000倍+高优美增甜剂800倍，以提高含糖量和促进花芽分化。

（十一）11月栽培管理

物候期：果实成熟期、花芽形态分化期。

防治对象：脚腐病。

1. 主要防治措施

根茎处发生脚腐病的，首先用利刃刮净病部，待伤口干后，用药剂涂抹，可分别选用72%扑霉特乳油50～100倍，或用50%锐扑可湿粉50～100倍，或用50%福帅得50～100倍，伤口涂药后用新鲜牛粪包扎，以利愈合。

2. 栽培技术要点

（1）及时施采果肥，株施粪水50～100kg，以利尽快恢复树势，采果前15天停止灌水。

（2）分批采收果实；采后分级，单果套娶乙烯薄膜袋贮藏。

（3）叶面追肥。保叶过冬，用绿芬威2号800～1 000倍或叶绿梢壮1 500～2 000倍加1.6%植物龙水剂1 000～1 200倍喷雾或天达2116的1 000～1 500倍+2,4-D液。

第五章 青柚高效栽培技术

第一节 青柚生物学特性

青柚原产泰国曼谷附近低地一带，外形呈短球形，果肉粉红，果心小，肉质较白柚柔软多汁，糖度高、酸味低，常被人称为"蜜柚"，见图5-1。

图5-1 青柚

一、主要特点

1. 四季结果

一年四季连续开花结果，可一年四季上市。

2. 产量高

2 年后即可结果，5 年后达到盛果期，亩产可达 5 000kg。

3. 味甜多汁

糖度比国内任何柚类糖分都高、都甜，果肉十分紧致，每一颗果粒都很鲜嫩饱满，汁水充盈，咬一口就像是在喝鲜榨柑橘果汁。

4. 耐储运

四季青柚果实采收后在常温下能存放 2~3 个月，仍能保持其优良的品质和风味。成熟后的果挂在树上数月不摘，不会落果，品质更佳。

5. 营养价值高

泰国青柚营养价值很高，含有非常丰富的蛋白质、有机酸、维生素以及钙、磷、镁、钠等人体必需的元素，这是其他水果所难以比拟的。

二、主要品种

青柚主要品种包括泰国红宝石青柚和越南青柚。

泰国红宝石青柚，果皮薄，易剥皮，单果重 1.5~2.5kg，果肉非常绵，非常化渣，甜度 13°~15°，果肉比一般柚子肥厚，因为果实只分 8~10 瓣，一般柚子是 14~16 瓣。泰国红宝石青柚在泰国一年四季开花结果，在国内目前种植是一年结两季果，属于柚子之中的顶级品种。

越南青柚，源自泰国翡翠青柚品种，早年被引到越南种植，因此，也被称为越南青柚、越南红心青柚。越南青柚有以下特点：首先是轻甜多汁，青柚外形呈短球形，果肉粉红，果心小，肉质较白柚柔软多汁，口感清甜化渣，无酸涩味，甜度 11°~14°。其次是耐储存，青柚果实采收后在常温下能存放 2~3 个月，不变色，不变味，不腐烂，还能保持原有的优良品质风味。果实在成熟后在树上挂果数月不摘，也不会落果，品质更佳。然后其效益较好，定植 3 年生树每株能结果 30 个左右。最后其管理比较简单，抗病虫害能力较强，管理成本低。

第二节　青柚建园技术

一、园地选择

青柚种植对土壤要求并不严格，酸性与咸性土地都能种植。只要选择在避风向阳，水源丰富，土层深厚、肥沃的土壤，灌溉水与及时排水方便即可。

二、种植要求

1. 青柚种植时间

一般建议在中秋节后至第二年的清明节前种植青柚苗比较省事，但是冬季种植要避开霜冻期；如在清明节后至端午节期间种植青柚苗，则建议选择下雨之前种植或者水源条件方便的地方种植；夏天则建议用青柚营养袋苗种植。云南省地区种植青柚苗建议在雨季。

2. 青柚种植距离

标准种植距离为 3m×3m，亩种植 60~70 棵。

3. 土地整理

一般现在规模种植都是光地种植比较多，即把排水沟做好，然后种植位置土壤松一下，弄一个高出地面 20cm 左右的小土堆即可；如想放底肥，建议用腐熟过的肥料，挖坑深度根据底肥的量而定。

第三节 青柚管理技术

一、幼树管理

幼树施肥采取"勤施薄施"的原则，建议每月施 2~3 次速效肥，每年最少用 1 次农家肥或者有机肥。根据不同季节病虫害的规律进行病虫害的管理。青柚苗一般定植 2~3 年后即可放开结果。

二、成年树科学施肥

施肥方法：采用环状沟施，施肥次数按照"基肥秋施，催芽肥慎施，保果、壮果肥配施"的要求进行全年施肥 3~4 次。以腐熟有机肥为主，复合肥为辅，多施磷钾肥。

三、疏花疏果

疏花疏果有利于减少养分的无效消耗，增加产量。疏花时间，一般在 2 月中下旬至 3 月上旬，方法有疏花枝和花蕾 2 种。在吐蕾时，重点剪去树冠内部隐蔽的无叶花枝和弱花枝，这称为疏花枝。第一次疏花于花蕾如火柴头大小时进行，疏去花序顶端和基部花穗，只留母枝中间 1~2 穗健壮的花序。第二次在花蕾露白时（在疏花穗后 10 天左右）进行，疏去花穗顶端和基部的花蕾，只留中间 2~3 朵健壮的花蕾。要注意使留下来的花在整个树冠内分布均匀。

发育不良的畸形果、小果和病虫果疏去，挂果量一般以叶果比（160~200）：1 为好。

四、环剥，修剪

1. 环剥

根据地区不同在每年采果后 0.5~3 个月用专门的环剥工具进行环剥。

2. 修剪时间

幼龄柚树一般不需要修剪，除非在夏季为了减少病虫害的为害可以进行适当缩剪；结果柚树一般每年修剪 1 次或者 2 次，主要是冬剪，在每年降温后开始修剪，高冷结冰山区建议年后修剪。

3. 修剪方法

不采用"一刀切"的方法，重点疏除外围枝条，直立徒长枝，对树冠较密集的可采用"开天窗"的修剪方法。此方法能有效地控制树冠，促进内膛枝的萌发，又不至于因重剪而引致减产。内膛枝应剪除结果枝、枯枝、病虫枝及弱枝。另一次修剪则是在夏季壮果期，主要针对夏梢，修剪一些影响果树通风采光且徒长的枝条，且减少了养分的浪费，此次修剪可以根据个人的情况选择是否修剪，可剪可不剪，当然修剪是有好处的。

第四节　青柚采收与采后处理

一、采收要点

（1）贮藏果应选择果园平时管理水平较高，结果较好，入冬后没再浇水的果园采果。

（2）果实应选择 8~9 分成熟，选择晴天时采收，切忌在雨天或露水未干时采收蜜柚贮藏保鲜。

（3）采收方法。运用剪刀剪平果蒂头，轻拿轻放。采收后立即将病虫害果、损伤果同好果分开。搬运中尽量减少踩踏、损伤。

二、采后处理

（1）果实采收后须先清洗干净果实表面的灰尘杂物，并进行药剂防腐保鲜处理。

（2）选择正确安全高效的药物保鲜处理是直接影响果实贮藏好果率高低的关键；可供选药剂：胜炭 500 倍（15%微乳剂咪鲜胺）或使百克1 000倍（45%水乳剂咪鲜胺）+国光牌 2,4−D 钠盐10 000倍+百可得2 000倍（40%双胍三辛烷基苯磺酸钠）。

（3）使用方法。三者混合液直接洗果或浸果。

（4）果实防腐保鲜处理必须在果实采收后 24 小时内进行，处理后的果实应让其自然通风晾干 3 ~ 4 天为佳，让果皮稍微变软时，再单果用原塑料米的薄膜包装。

三、库房选择及管理

（1）库房选择不容忽视，仓库应选择阴凉、通风良好、湿度适中的地方，果实入库前库内应彻底清扫干净并进行消毒工作。

（2）果实入库后，整堆堆放时不宜过高，以 1m 高为好，每 20m² 留一小块排透气口，或用木箱呈"品"字形堆放更好，木箱以每箱装果不多于 500kg 为佳，以 4 ~ 5 层适中。

（3）入库后应经常开门查看，以确保通风良好，并及时剔除已腐烂的果实，预防鼠害等为害。

【知识链接】泰国红宝石青柚周年栽培管理

（一）1 月幼叶和叶片发育阶段

（1）幼叶，提防潜叶蛾，蓟马，蚜虫等为害。

（2）老叶子，提防红蜘蛛和加州红蜗牛、蓟马的为害。

（3）干旱气候下，应定期给水，保持水分稳定。

（二）2月开花与花期

（1）花期蓟马属于爆发期，注意花蕾蛆。

（2）开始开花时，将化学肥料配方15-15-15与有机肥料一起添加。

（3）干燥的空气条件下，应定期补水，保持水分稳定。

（三）3月幼果期

（1）当心蓟马、蜗牛破坏幼果。

（2）将化学肥料配方15-15-15与有机肥一起加。

（四）4月果实发育期

（1）注意蜗牛和溃疡病的防治。

（2）喷洒化学药品以防止溃疡病和炭疽病。

（3）添加化学肥料配方13-13-21。

（4）不宜添加高氮肥料会导致柚子味道差。

（5）均匀洒水。

（五）8月准备成熟期

（1）注意防治溃疡病和锈壁虱。

（2）停止使用化学药品以预防病虫害。

（六）9月成熟期

（1）保持柚子水果与优质水果出口。

（2）在此过程之前和过程中，请勿使用化学肥料或有机肥料。

（3）避免使用化学物质或危险化学品消除具有长期影响的病虫害。

（4）不应供给太多的水。

（七）9月当地收获

（1）收获成熟度为80%~90%的柚子作为优质果。

（2）不要让水果掉入地下。

（3）应加快采果以进行销售。

（4）收获后应使用有机肥。

（八）11 月清园休息期

（1）喷涂化学药品以消除病虫害。

（2）喷洒磷酸治疗根部腐烂病。

（3）清理地块。

（九）12 月施采果肥

（1）进行全面的清园。

（2）预防和消除溃疡病。

（3）喷施叶面肥 15－30－15 和中微量元素。

（4）添加肥料 12－24－12 并通过叶面配方 15－30－15＋喷施锌。

第六章　红心橙高效栽培技术

第一节　红心橙生物学特性

红心橙果大形好、皮薄光滑、果肉橙红、肉质柔嫩、多汁化渣、甜酸适中、风味独特，是我国柑橙的名优新品种，见图6-1。

图6-1　红心橙

一、红心橙品种特性

红心橙品种树形自然圆头形、较紧凑，树姿略开张，中长枝易下垂。成熟枝条形成层、部分木质部呈红色。在福州2月上旬萌芽，2月中旬抽生春梢，3月中下旬初花，3月下旬盛花，4月上旬终花，花期历时 20 天左右。第一次生理落果期 4 月上旬至中旬，第二次生理落果期 4 月底至 5 月。果实成熟期 12 月下旬。果实较大，平均单果重 235g，圆形或近圆形，多为闭脐，无核，果肉呈红色，果汁橙色。经三明市农业中心化验站检测，果实可溶性固形物 13.0%，维生素 C 591mg/L，总糖 10.9%，总酸 0.81%，可食率 76.6%。有香气，风味佳，酸甜适度，宜鲜食。耐贮运。经福建省农科院植保研究所田间调查，未发现黄龙病以及其他病毒类病害，其他病虫害发生情况与甜橙类似。该品种嫁接苗宜采用枳壳砧，高接换种中间砧以温州蜜柑和雪柑为佳，芦柑不宜作为中间砧；注意做好保花保果、防控柑橘溃疡病；增施有机肥，做好平衡施肥；重施采果肥。

二、红心橙物候期

红心橙在中亚热带气候湖北省秭归为主要物候期：春梢生长（萌芽至自剪），2 月下旬至 4 月上旬，夏梢生长，5 月上旬至 6 月上旬，秋梢生长，每年 8 月 7 日至 9 月 10 日；现蕾，3 月上旬，开花，4 月中旬；第一次生理落果，5 月上旬至 6 月上旬，第二次生理落果，6 月中旬至 6 月下旬；脐黄，发生在 7 月上旬至 8 月上旬。果实，12 月下旬成熟，至翌年 1—2 月品质仍好。

三、红心橙气候条件

红心橙适宜种植于年平均气温在 17.5℃ 以上，多年极端最低气温平均值在 -3℃ 以上地区栽培。红心橙最适种植的区域是：年活动积温 5 500~6 500℃，果实成熟前的 10 月底至 11 月昼夜温差大的脐橙适栽区，且冬天霜冻或有霜冻出现时间 12 月底以后或时间短暂的区域适宜种植，长江中上游为适栽区，可适度发展。但热量条件稍逊的地区栽培表现果实偏小，大小不整齐。

第二节 红心橙建园技术

一、选地

红心橙园必须距离已感病的老红心橙园3km以上。园地宜选土质疏松深厚、富含有机质，心土透气好，地下水位低的微酸性土壤，果园交通便利，附近有抗旱使用的水源，避开风口地带和配植防风林。

二、备耕

山地果园要开大穴或撩壕。开穴规格为长、宽各1m，深0.8m，撩壕要按等高线进行。水田的果园要起高墩和打好深排水沟，预防积水伤树。开穴风化后每株施优质土杂肥50kg，复合肥0.5kg，在植前半个月施下与土壤拌匀后起土墩待种。

三、种苗选择

要选择健壮的无病毒种苗。无病毒种苗须经严格的育苗规程才能培育出来，生产者要选择有资质育苗单位培育的种苗，最好选用苗床或容器培育的种苗。种苗要求：纯正，健壮，叶片充分老熟，无溃疡病、缺素或黄化症状，根系发达，须根多。

四、种植规格

推行宽行窄株的种植方式，行距不要低于4m，株距可选择在2~3m，亩植55~80株。贫瘠的山地可密植些；低洼、肥沃的植地树冠伸展较快，宜疏植。计划密植的果园应是保持永久的行距和变化的株距。

五、种植

容器培育的种苗在一年四季都可种植，浆根苗则应在初冬或春季种植。种植时根系不能与基肥或化肥直接接触，要用新土隔开。种苗应尽量带土移植，以利保根保叶。植后要及时淋足定根水，修整树盘，覆盖稻草、芒箕等，以后看天气和土壤的保湿情况继续淋水 2~3 次，保持根际区湿润至幼苗稳定生长。

第三节　红心橙果园管理

一、水肥管理

1. 幼龄树的水肥管理

幼龄树应以追施水肥为主，管理的目标是迅速增大树冠。随着树冠的增大，以尿素和复合肥轮换施用，不断增加施肥量，尽快促使枝梢增多，叶片增大。每 8~10 亩的红心橙园应配建一个水粪结合池，用人畜粪尿沤制，定期淋施，依天气和土壤含水量的变化确定每担粪（肥）水的浓度和淋施的苗数，干旱淋 4~6 株，湿润时淋 8~10 株。2~3 龄树要结合扩穴改土增施有机肥，随着枝梢数量的增多而逐步地增加施肥量。

2. 结果树的水肥管理

根据红心橙树的挂果量来确定肥水施用量，结果多的树要注意加大肥料的施用量，防止初产挂果过多而引起早衰。肥料适量的标准是果实能正常膨大和按时放出足量的秋梢为标准，初产树应能放夏梢。干旱应及时灌水。

二、树型培育

1. 幼龄树型培育

不宜过多用剪，以选抹芽的方法引导树型的生长，主干的高度控制在 30~50cm，选留 3~5 个主枝。枝梢的选留以质量第一、数量第二、兼顾树型的原则进行，梢的长度在 18~22cm 为宜。过长的新梢应在新叶未张开时截顶，并适当推迟出梢期和保留更多的新芽，使枝梢平衡生长。逐渐将树型结构培育成主干、骨干枝、小枝协调的波浪形近半圆的树冠，有较多的结果母枝，能立体地利用阳光。

2. 结果树型培育

要注意压制顶部直立枝的生长，防止树型直立和过高。一般可在春季花蕾期抹去顶部无花的营养枝，在放秋梢前 15 天对过旺过高的无果枝进行短截，促发更多新的结果秋梢。对枯枝，内膛荫蔽的弱枝、交叉枝要及时剪除，避免树体相互交叉和郁蔽。过密的果园要进行回缩修剪、开天窗或间伐处理。

三、控梢促花

控梢促花的内在条件是枝梢的充分老熟并积累了较多的碳水化合物，外在条件是干旱的协逼，秋梢的叶片在阳光下出现卷曲。为保证初产树的开花，对生长壮旺的树可采用适度的断根、环割、扭枝、环扎等机械促花措施；化学促花的方法可用 0.5% 的多效唑在秋梢转绿后喷 1~2 次，过旺的树可加入 0.01% 的乙烯利进行喷雾，能起到良好的促花作用。

四、保花保果

选定花果数量，调节营养生长和生殖生长的关系是保果的关键。对开花过多的树要进行疏花处理，尽量保留带叶的花枝；花量偏少的结果树则要抹去过多的营养枝，防止营养生长过旺而引发落果。红心橙的株系要侧重抓好保果，在谢花后要及时喷施保果药，可用 50~100mg/kg 的赤霉素 920 喷洒幼果，或用 200mg/kg 的赤霉素 920 涂果，弱树加喷核苷酸等营养液，壮树可环割 1~2 次主枝、主干。幼果期要及时抹除新萌发的春夏梢，计划放夏梢的低龄树要安排在果实直径达到 3cm 以上时抽放。

第四节　红心橙采收与采后处理

一、采收

红心橙的采收适期随品种和地区等条件而异。一般以果面大部着色，能完全表现该品种应有的色泽和风味时进行采收为宜。同一株树上的果实熟期不一，应分批采摘。果实缺乏后熟作用，贮藏用的果实应在树上充分成熟后再采收，早采影响果实的耐藏性能和品质。

二、贮藏

将商品放于垫层上，并排列整齐，堆好。在避光、常温、干燥和有防潮设施的地方妥善保管贮藏，贮藏设施应清洁、干燥、通风，无虫害和鼠害，有明显有机食品标志，严禁与有毒、有害、有腐蚀性、易发霉、发潮、有异味的物品混放，严禁使用化学物质防虫、防变，杜绝二次污染。

【知识链接】红心橙周年栽培管理

（一）1 月相对休眠期

管理要点：整形修剪和清园。

（1）整形修剪。结果树通常剪除衰退枝组、交叉枝、病虫枝、去密留稀。为改造树形增强内部光照的，采用"开天窗"，即适当疏除树冠顶部、侧面2~3年生大枝。幼树（未结果的1~3年生树，下同）用撑、拉、吊枝等方法整形，一般用不动剪的方法修剪整形。

（2）冬季清园。清除枯枝落叶和剪下的病虫枝园外烧毁。选用石硫合剂或机油乳剂中的任一种药剂清园：45%石硫合剂结晶用120倍液，95%机油乳剂用100倍液。两种药剂的使用安全间隔期在50天以上。对果实留树保鲜的不能喷布上述药剂。

（3）冬旱灌水。出现冬旱的宜及时灌水，以提高花芽分化的质量。

（二）2月芽初萌期

管理要点：结果树施萌芽肥。

（1）施萌芽肥。下旬或月底施萌芽肥。幼树以速效氮为主，结果树以速效氮钾为主。施肥量：幼树株土施30~50g尿素加水3~5kg。结果树以树势、土壤肥力和树冠大小而定，旺树不施，壮树少施，弱树多施。结果成年树通常施人畜粪30~40kg，尿素、硫酸钾各100~200g；或施氮、五氧化二磷、氧化钾含量分别在15%或以上的复合肥500~800g，施于树冠滴水线下。

继续做完1月未做完的管理工作，遇干旱时应适度灌水。

（2）病虫害防治。萌芽前宜用95%机油乳剂100倍液+5%噻螨酮（尼索朗）乳油1 200倍液喷布，以杀灭越冬害虫。

（3）种植绿肥。幼龄果园，2月底开始播种夏季绿肥等间作物。

（三）3月春梢生长和现蕾期

管理要点：结果树防花蕾蛆未结果树施春梢肥。

（1）幼树施春梢肥。上旬和下旬各施1次春梢肥，每次株施尿素和硫酸钾50~100g加水（腐熟的畜粪水更好）3~5kg，土施于树冠滴水线下。

（2）结果树复剪施肥。抽梢后发现花量大时应进行花前复剪，疏除无叶花枝和过量花枝，对花量特别大的树，除加重疏花外，还可于开花前 10~15 天每株追施尿素和硫酸钾 100~150g；结合花前防治病虫害喷 0.2%尿素+0.2%磷酸二氢钾，提高花质，加速春梢老熟。

（3）病虫害防治。一是花蕾现白，即花径 2~3mm 时，及时防治花蕾蛆，药剂选用 50%辛硫磷 1 000~1 500 倍液喷地面，7~10 天 1 次，连喷 2 次。成虫上树飞行，但尚未大量产卵前选用 90%晶体敌百虫 800 倍液喷树冠 1~2 次。人工摘除受害花蕾集中处理。也可在现蕾时用薄膜覆盖树盘，阻止成虫出土（谢花后揭去薄膜）。二是做好红、黄蜘蛛监控和中心病株挑治。本月防治红、黄蜘蛛是全年的关键时期，选用对低温不敏感的 5%的噻螨酮乳油，在花前 1~2 头/叶时喷布 1 500~2 000 倍液。三是本月中、下旬喷布大生 M-45 600 倍液，或用 25%溴菌腈（炭特灵）800 倍液，防治炭疽病。

（4）灌水。土壤干旱时，宜及时灌水，以利枝梢、叶、花正常生长。

（四）4 月花期

管理要点：防治红、黄蜘蛛，结果树施保花保果肥。

（1）施保花保果肥。花蕾现白（3 月下旬至 4 月上旬）株施氮磷钾专用复合肥 250~500g，幼树土壤施复合肥 100~150g。

（2）叶面施肥。上中旬喷布 0.15%硼砂+0.2%尿素；谢花 3/4 时（4 月下旬）喷 0.2%尿素+0.2%磷酸二氢钾 1~2 次，减少花后落果。

（3）病虫害防治。本月红、黄蜘蛛易盛发，注意继续防治。蚜虫也会出现为害，选择乐果 1 000 倍液防治。继续做好炭疽病等的防治。

（4）间作。幼龄园间种矮秆浅根的短期经济作物、绿肥或牧草，间作物离树冠滴水线外 0.3m 种植，以免影响脐橙生长。

（五）5 月坐果期和早夏梢萌发生长期

管理要点：结果树保果、抹除早夏梢。幼树施早夏梢肥，防治病虫害。

（1）保果。针对花量大的弱树和花量少的壮树第一次生理落果严重的特点做好保果，花量少的壮旺树，谢花 1~2 周（5 月上旬）对成年结果树临时枝或直立旺枝轻度环割 1~2 圈：用脐橙专用保果剂，如用细胞激动素（BA）400mg/kg+赤霉素（C-A）200mg/kg 的混合液涂果 1 次，或用增效液 BA+GA，或单用 BA400mg/kg 涂果 1 次，20 天后再用 GA 100mg/kg 涂果 1 次，可有效抑制脐橙的第一次生理落果。5 月下旬，第二次生理落果初期，树冠喷布脐橙专用保果剂——增效液化 BA+GA。叶面喷布 0.1%尿素+0.2%磷酸二氢钾或 0.1%尿素+0.2%硝酸钾（钾宝）保果。

（2）抹夏梢。结果树早夏梢的抽生会加剧落果，应及时抹除。

（3）施肥。幼树于上旬和下旬土壤施肥各 1 次，促进早夏梢生长，加速扩大树冠。每次株施尿素和硫酸钾各 50~100g 加水 3~5kg 在树冠滴水线下浇施。

（4）病虫害防治。加强对红、黄蜘蛛，炭疽病、树脂病的监控防治，同时，注意星天牛、卷叶蛾和一代蚧类发生。星天牛、卷叶蛾宜采用杀虫灯诱杀成虫，卷叶蛾药剂防治在 5 月上中旬分别用菊酯类农药防治；蚧类宜在 5 月中下旬一代蚧类 1~2 龄蚧期。用 48%的乐斯本乳油 1 000 倍液、0.5%果圣 800 倍液防治，15 天 1 次，共 2~3 次。病害防治，可在上旬对树冠和树盘喷布 2%的石灰盐水（优质生石灰 1kg 放入盛有 5kg 开水的木桶中化成石灰水，然后加入 45kg 冷水和 50g 食盐，搅拌后用纱布或尼龙网过滤）消毒杀菌。

（六）6 月夏梢抽发盛期，第 2 次生理落果盛期

管理要点：结果树控夏梢和施壮果肥；幼树施夏梢肥。

（1）控夏梢防脐黄。结果树继续控制夏梢抽生。6 月初，用抑黄酯（中国农业科学院柑橘研究所生产）1 支对水 0.3~0.4kg 涂脐部，6 月中下旬疏果。

（2）施夏梢肥。幼树中旬、下旬各施 1 次夏梢肥，每次株施尿素和硫酸钾各 50~100g，对水 5~8kg 浇施。有条件时，下旬的夏梢肥可加磷肥 0.5kg 和 1kg 腐熟的饼肥，滴水线下开浅沟施。

（3）病虫害防治。若遇少雨天气，仍需加强红、黄蜘蛛的防治，同时做好粉虱、蚧类的防治。药剂可选用 48% 乐斯本乳油 1 000 倍液或 0.5% 果圣 800 倍液。幼树要注意防治潜叶蛾为害夏梢，用 2% 阿维菌素 2 000 倍液在梢长 0.5cm 左右时喷布效果最好。

（4）做好蓄排水。本月已进入雨季，旱地果园疏沟排湿，同时，做好蓄水，以备抗旱。

（七）7 月果实膨大期和脐黄发生期

管理要点：抗旱，结果树施壮果肥，幼树施秋梢肥。

（1）施壮果肥。结果树下旬开始施壮果促梢肥，肥料最好是充分腐熟的有机肥。施肥量以结果量和树势而定。结果多的弱树，株施人畜粪 25~50kg，饼肥 2~3kg，尿素 0.4~0.6kg，磷肥 2~3kg，钾肥 0.4~0.6kg。滴水线挖沟 0.3~0.4m 深施入。结果多的旺树，施肥量为结果多的弱树 1/2 左右。结果量少和未结果弱树，施肥量为结果多弱树的 1/3。

（2）幼树促梢肥。中下旬施 1 次秋梢肥，每次株施尿素和硫酸钾 50~150g，对水 5~8kg 浇施。

（3）覆盖抗旱。有条件的果园用稻草、杂草、枝叶等进行树盘覆盖（树干周围 10cm 左右不作覆盖）。根据旱情，及时浇灌水。

（4）抹芽放梢。初结果树继续抹除夏梢，7 月下旬放早秋梢。

（5）病虫害防治。结果树重点防治锈壁虱，药剂选用 5%唑螨酯（霸螨灵）乳油 2 000 倍液。幼树重点防潜叶蛾，梢长 0.5cm 左右喷药。隔 7~10 天再喷 1 次。药剂选 20%除虫脲 1 500~2 000 倍液，2%阿维菌素 2 000 倍液。下旬喷布 2%的石灰盐水消毒，防止产生果实日灼病。

（八）8 月果实膨大期、秋梢萌发生长期

管理要点：施肥、抗旱、防裂果。幼树防潜叶蛾。

（1）土肥水管理。上旬结合病虫害防治喷布 0.3%~0.4%磷酸二氢钾，隔 15 天再喷 1 次。做好旱灌涝排，保持果园土壤持水量稳定，减轻裂果。

（2）防止裂果。结果树冠可喷 1 次 1%石灰水+0.2%氯化钾，增加果皮韧性减少裂果，

（3）病虫害防治。幼树以防治潜叶蛾为重点，同时，注意蚜虫和炭疽病等的防治，方法同前。

（九）9 月果实迅速膨大期和裂果高发期

管理要点：施好基肥，防止裂果，抹除晚秋梢，幼树撑拉吊整形。

（1）施好基肥。下旬结果树深施基肥，在树冠滴水线外开沟，施入秸秆、杂草、厩肥等为主的有机肥和磷肥。施肥量株产 50kg 的树施腐熟的农家肥 50kg 左右，同时，加入 1~2kg 磷肥。

幼树在 9 月下旬或 10 月中旬前施 1 次越冬肥，株施氮、磷、钾含量各为 15%或以上的复合肥 200~300g。

（2）抹梢整形。结果树及时抹除晚秋梢以提高果实品质和

减轻病虫害。下旬对树冠 1m 以上的幼树进行撑拉吊枝整形，为翌年结果打好基础。

（3）病虫害防治。此时是红、黄蜘蛛发生的又一高峰期，应重点防治，药剂同前。山地果园注意防治吸果夜蛾危害果实。防治方法是第二次落果后果实套袋，或在果园周围安装黄色荧光灯或白炽灯，5m1 盏，灯高 1~2m，以驱避成虫，也可夜间人工捕捉成虫。

（十）10 月果实膨大后期

管理要点：施肥、防治病虫害。

（1）施肥、种绿肥。上旬结束施基肥。幼树果园种植冬季绿肥或牧草等。

（2）抹梢剪枝。结果树继续抹除晚秋梢，剪除树冠内膛病虫枝、过密纤弱枝，以利树冠通风透光。提高果实品质，促进花芽分化。

（3）病虫害防治。主要虫害有红蜘蛛、锈螨、粉虱和吸果夜蛾，常选用生物农药和物理性杀伤农药，如 2% 阿维菌素、45% 硫黄悬浮剂等控制危害。后期用 45% 硫黄悬浮剂 500 倍液，兼有隔离病菌侵染和果皮催色效果。

果实需留树保鲜的果园，在中下旬果实转色期喷 1 次 20mg/kg 的 2,4-D。

（十一）11 月果实进入成熟期

管理要点：土壤控水和防止采前落果。

（1）土壤控水。秋雨多时，土壤控水方法除高厢深沟排湿外，还可用地膜覆盖地表，以提高果实品质。

（2）防治落果。留树保鲜的脐橙，在低温天气来临前的上旬再喷施 1 次 20mg/kg2,4-D，以防低温落果。

（十二）12 月果实采收期

管理要点：适时采收、清园。

（1）适时采收。福本脐橙自然成熟期为 11 月中下旬，红肉脐橙 12 月下旬成熟。做好适时采收。

（2）留树保鲜。无霜冻之地，为延长果品供应，果实可留树保鲜。12 月上旬第三次喷浓度为 30mg/kg 的 2,4-D 液。

第七章　脐橙高效栽培技术

第一节　脐橙生物学特性

脐橙是橙类中甜橙的一种，为亚热带多年生常绿果树。脐橙果顶有次生小果突出成脐状故而称为脐橙，以其无核优质而著称于世，见图7-1。

图7-1　脐橙

一、脐橙的发育习性

1. 根

脐橙根系分为主根、侧根、须根和菌根等。

2. 枝

脐橙的枝梢，1 年可发生 3~4 次，枝梢依其 1 年中能否继续抽生分为 1 次梢、2 次梢和 3 次梢等。1 次梢是 1 年只抽生 1 次的梢，如春梢、夏梢、秋梢。2 次梢是指当年春梢再抽夏梢或秋梢，或在夏梢上再抽夏梢、秋梢。以生长状态和结果与否，又可分徒长枝、营养枝、结果枝和结果母枝。

3. 叶片

脐橙叶片具有光合作用、贮藏作用、蒸腾作用和呼吸作用等功能。

脐橙最适的光合作用叶温为 15~20℃。

贮藏作用：叶片贮藏树体 40% 以上氮素和碳水化合物，是重要的贮藏养分器官。

蒸腾作用：叶片有蒸腾树体水分的作用，使树体水分保持平衡。

吸收作用：叶面、叶背有许多气孔，尤其是叶背气孔数为叶面的 2~3 倍。

4. 花

通常，脐橙的花较大，萼片深绿，呈杯状形，紧贴在花冠基部，萼片先端呈分裂状，有 3~6 裂（5 裂为多）。脐橙开花受气候的影响，尤其是气温的影响。遇低温花期推迟；遇高温花基提早、缩短；遇异常高温会使花器官萎蔫、死亡。

5. 果实

脐橙果实为柑果，由子房受精核受刺激，不断生长发育而成果实。

二、脐橙的物候期

脐橙营养生长期长，没有明显的休眠过程，在一年中随着四季的变化相应地进行根系生长、萌芽、枝梢生长、开花坐果、果实发育、花芽分化和落叶休眠等生命活动，我们将这些生命活动所处的各个时期称为物候期。

1. 根系生长期

脐橙的根系在一年中主要有 3 次生长高峰。

（1）发春梢前根系开始萌动，春梢转绿后根群生长开始活跃，至夏梢发生前达到第一次生长高峰。

（2）随着夏梢大量萌发，在夏梢转绿、停止生长后，根系出现第二次生长高峰。

（3）第三次生长高峰则在秋梢转绿、老熟后发生，发根量较多。树体贮藏的营养水平对根系发育影响重大，如果地上部分生长良好，树体健壮，营养水平高，根系生长则良好。反之，若地上部分结果过多，或叶片受损害，树势弱，有机营养积累不足，则根系生长受抑制。此时即使加强施肥，也难以改变根系生长状况。因此，栽培上应注意对结果过多的树进行疏花疏果，控制徒长枝和无用枝，减少养分消耗，同时，注意保护叶片，改善叶片机能，增强树势，以促进根系生长。

2. 枝梢生长期

叶芽萌发以后，顶端分生组织的细胞分裂，雏梢开始伸长，自基部向上，各节叶片逐步展开，新梢逐渐形成，而后增粗。枝梢生长通常分为春梢、夏梢、秋梢和冬梢。

（1）春梢生长期一般在 2—4 月，立春前后至立夏前。

（2）夏梢生长期一般发生在 5—7 月，立夏至大暑前。

（3）秋梢生长期一般发生在 7 月底至 10 月，大暑至霜降前后。

（4）冬梢生长期一般发生在 11—12 月，立冬至冬至前后。

春梢的萌发和生长主要靠树体先年贮藏的营养水平。抽发春梢时，若老叶多，则春梢萌发整齐，生长量大，组织充实；反之，如果上年结果过多或落叶，春梢发芽前老叶少，树体贮藏营养不足，则春梢发生少，且枝条伸长不久即停止，枝梢短细。

3. 抽蕾开花期

脐橙的花期较长，可分为现蕾期、开花期。开花期是指植株从有极少数的花开放至全株所有的花完全谢落为止。一般分为初花期（5%~25%的花开放）、盛花期（25%~75%的花已开放）、末花期（75%以上的花已开放）和终花期（花冠全部凋谢）。

（1）现蕾期。从脐橙能辨认出花芽起，花蕾由淡绿色至开花前称现蕾期。

（2）开花期。从花瓣开放、能见雌、雄蕊起，至谢花称为开花期。赣南地区花期较早、较长，多数集中在3月初至4月中下旬开花，少数在3月前或4月后开花。花期的迟早、长短，依种类、品种和气候条件而异。开花需要大量营养，如果树体贮藏养分充足，花器发育健全，树势壮旺，则开花整齐，花期长，坐果率高；反之，则花的质量差，花期短，坐果率低。

4. 生理落果期

（1）第一次生理落花落果期一般发生在3月底至4月底。

（2）第二次生理落果期发生在4月下旬至7月上旬。

（3）后期落果7月至果实成熟前发生。

落果的原因很多，前期主要是因花器发育不全，授粉受精不良以及外界条件恶劣等造成。后期落果主要原因是营养不良。营养不足时，梢、果争夺养分常使胚停止发育而引起落果。因此，谢花后加强营养管理，结合控制新梢旺长等常能提高坐果率。

5. 果实生长发育期

从谢花后果实子房开始膨大到果实成熟期称为果实生长发育期。果实生长通常呈现"S"或"双S"形曲线。根据细胞的变化，果实发育过程可分为细胞分裂期、细胞增大前期、细胞增大后期及成熟期。

（1）细胞分裂期。细胞分裂期实际上是细胞核数量的增加。

主要是由果皮和砂囊的细胞不断反复分裂，果体增大。

（2）果实膨大期。第一次生理落果完毕，细胞分裂基本停止，果实转向细胞膨大。到6月上中旬生理落果结束。7月下旬至8月上旬进入第二次膨大高峰，随着砂囊迅速增大，进入第三次膨大高峰后果实基本定型，果实重量增加。

（3）果实成熟期。果实组织发育基本完善，糖、氨基酸、蛋白质等固形物迅速增加，酸含量下降。果皮叶绿素逐渐分解，胡萝卜素合成增多，果皮逐渐着色。果汁增加，果肉、果汁着色；种子硬化，果实进入成熟时期。

第二节 脐橙建园技术

一、园地选择

1. 气候条件

栽植脐橙适宜的气温条件是：年平均气温15~22℃，生长期间≥10℃年活动积温在4 500~8 000℃。冬季极端低温为-5℃以上，1月平均温度≥8℃，年降水量在1 200~2 000mm，空气相对湿度65%~80%，年日照在1 600小时左右，昼夜温差大，无霜期长，有利于脐橙品质的提高。

2. 土壤条件

脐橙适应性强，对土壤要求不严，红壤、紫色土、冲积土等均能适应，但以土层深厚、肥沃、疏松、排水通气性好，pH值6~6.5微酸性，保水保肥性能好的壤土和沙壤土为佳。红壤和紫色土通过土壤改良，也适合脐橙种植。

3. 水源条件

水分是脐橙树体重要组成部分，枝叶中的水分含量占总重的50%~75%，根中的水分占60%~85%，果肉中的水分占85%左右。水分也是脐橙生长发育不可缺少的因素，当水分不足时，生长停滞，从而引起枯萎、卷叶、落叶、落花、落果，降低产量和品质。因此，建立脐橙园，特别是大型脐橙园，应选择近水源或可引水灌溉的地方。当水分过多时，土壤积水，土壤中含氧量降低，根系生长缓慢或停止，也会产生落叶落果及根部危害。尤其是低洼地，地下水位较高，逢降雨多的年份，易造成脐橙园积水，常常产生硫化氢等有毒害的物质，使脐橙根系受毒害而死亡。同时，地势低洼，通风不良，易造成冷空气沉积，脐橙开花期易受晚霜危害，影响产量。因此，在低洼地不宜建立脐橙园。

4. 园地位置

丘陵山地建园，应选择在25°以下的缓坡地为宜，具有光照充足、土层深厚、排水良好、建园投资少、管理便利等优点。平地或水田建园，必须深沟高畦种植，以利排水。平地建园具有管理方便，水源充足，树体根系发达，产量高等优点。但果园通风、日照及雨季排水往往不如山地果园。特别要考虑园地的地下水位，以防止果园积水。通常要求园地地下水位应在1m以上。另外，园地的选择，还要考虑交通因素。因为果园一旦建立，就少不了大量生产资料的运入和大量果品的运出，没有相应的交通条件是不行的。

二、苗木定植

（一）选择优质苗木

1. 优质壮苗

选择壮苗是脐橙早结丰产的基础。壮苗的基本要求是：品种纯正，地上部枝条生长健壮、充实，叶片浓绿有光泽；苗高35cm以上，并有3个分枝；根系发达，主根长15cm以上，须根多，断根少；无检疫性病虫害和其他病虫害为害，所栽苗木最好是自己繁育或就近选购的，起苗时尽量少伤根系，起苗后要立即栽植。

2. 营养篓假植苗

营养篓假植苗木与大田苗木直接上山定植相比，具有以下优点。

（1）成活率高。春季定植，多数为不带土定植。由于取苗伤根，特别是从外地长途调运的苗木，往往是根枯叶落，加上瘦土栽植，成活率不高，通常只有70%～80%。而采用营养篓假植苗木移栽新技术，苗木定植后成活率达98%以上。

（2）成园快。常规建园栽植，由于缺苗严重，不但补栽困难，而且成活苗木往往根系损伤过重，春梢不能及时抽发，影响正常生长，造成苗木大小不一，常要2～3年成园。而营养篓假植苗木，充分发挥营养篓中的营养土和集中抚育管理的作用，使伤根及早得到愈合，春季能正常抽发春梢，不但克服了春栽的"缓苗期"，同时，减少了缺株补苗过程，可使上山定植苗木生长整齐一致，实现一次定植成园。

（3）投产早。营养篓假植苗，由于营养土供应养分充足，又避免了缓苗期，上山定植当年就能抽生3～4次梢，抽梢量大，树冠形成快。

（4）集中管理。有利于防冻、防病虫，并可做到周年上山定植。由于营养篓假植苗木相对集中，可以采用塑料薄膜等保温措施，防止苗木受冻。同时，可以集中防止病虫害。由于营养篓假植苗定植时不伤根，没有缓苗期，因此，可以周年上山定植。

（二）合理密植

合理密植是现代化果园的发展方向，可以充分利用光照和土地，使脐橙提早结果，提早收益，提高单位面积产量，提早收回投资。提倡密植，并不是愈密愈好，栽植过密，树冠容易郁闭，果园管理困难，植株容易衰老，经济寿命缩短。通常在地势平坦、土层较厚、土壤肥力较高、气候温暖、管理条件较好的地区，栽植可适当稀些。这是因为在这种良好的环境条件下，单株生长发育比较茂盛，株间容易及早郁闭，影响品质提高。株行距可采用2.5m×3m的规格，每667m²栽88株左右。山地、河滩地、肥力较差及干旱少雨的地区可适当密植，株行距为2m×3m，每667m²栽110株左右。

（三）科学栽植

1. 栽植时期

脐橙的栽植时期，应根据它的生长特点和当地气候条件来确定。一般在新梢老熟后到下一次新梢抽发前，都可以栽植。

（1）大田繁殖苗木栽植时期。通常分为春季栽植和秋季栽植。春季栽植，以2月底至3月进行为宜，此时春梢转绿，气温回升，雨水较多，容易成活，省去秋植浇水之劳。秋季栽植，通常在9月下旬至10月秋梢老熟后进行。这时气温尚高，地温适宜，只要土壤水分充足，栽植苗木根系的伤口就愈合得快，而且还能长一次新根，从而有利于翌年春梢的正常抽生。但此时常会遇秋旱，栽植的先决条件是要有灌溉作保证；同时，还有可能遭受寒冻。因此，秋季栽植可用营养篓（袋）假植。秋植比春植效果好，因为秋季时间长，可充分安排劳力，而且当年伤口易于愈合，根系容易恢复，所以，秋植苗木成活率高，而且翌年春天长势好。栽植时间最好选择阴天或阴雨天。如遇毛毛雨天气，也可栽植，但大风大雨不宜栽植。

（2）营养篓假植苗栽植时期。通常不受季节限制，随时可以上山定植，但夏秋干旱季节，降水少，水源不足，也会影响成活率，因此，移栽最佳时期以春梢老熟后的5月中下旬至6月上中旬为宜。

2. 栽植方法

（1）大田苗木栽植方法。栽植前，要解除薄膜，修理根系和枝梢，对受伤的粗根，剪口应平滑，并剪去枯枝、病虫枝及生长不充实的秋梢。栽植时，根部应蘸稀薄黄泥浆，泥浆浓度以手沾泥浆，不见指纹而见手印为适宜。泥浆中最好加入适量的碎小牛粪，并将 0.7%复硝酚钠水剂 600 倍液与 70%甲基硫菌灵可湿性粉剂 500 倍液混合溶解后，加入泥浆中搅拌均匀，然后蘸根，以促进生根。注意泥浆不能太浓，否则会引起烂根，复硝酚钠加入太多会引起死苗。种植时，2 人操作，将苗木放在栽植穴内扶正，保证根顺，让新根群自然斜向伸展，随即填以碎土，一边埋土，一边踩实，均匀压实，并将树苗微微振动上提，以使根土密接，然后再加土填平。在树的周围，覆盖细土，土不能盖过嫁接口部位，并要做成树盘。树盘做好后，充分浇水，水渗下后，再于其上覆盖一层松土，以便保湿。栽植中，要真正做到苗正、根舒、土实和水足，并使根不直接接触肥料，防止肥料发酵而烧根。栽后树盘可用稻草、杂草等覆盖。

（2）营养篓苗栽植方法。定植前，先在栽植苗木的位置挖一定植穴（穴深与篓等高为宜），将营养篓苗置于穴中央，注意应去除营养篓塑料袋，用肥土填于营养篓四周，轻轻踏实，然后培土做成直径 1m 左右的树盘，浇足定植水，栽植深度以根茎露出地面为宜，最后树盘覆盖稻草保湿，可防杂草滋生，保持土壤疏松、湿润。

（四）栽后管理

脐橙苗木定植后如无降雨，则在 3~4 天每天均要淋水保持土壤湿润。以后视植株缺水情况，隔 2~3 天淋水 1 次，直至成活。植后 7 天，穴土已略下陷可插竹枝支撑固定植株，以防风吹摇动根群，影响成活。植后若发现卷叶严重，可适当剪去部分枝叶，以提高成活率。一般植后 15 天部分植株开始发根，1 个月后可施稀薄肥，以腐熟人尿加水 5~6 倍，或用尿素加水配成 0.5%水液，或用 0.3%三元复合肥浇施，每株施 1~2kg。如施用绿维康液肥 100 倍，则效果更好，它能促使幼树早发根，多发根。以后每月淋 1~2 次，注意淋水肥时，不要淋在树叶上，只要施在离树干 10~20cm 的树盘上即可。新根未发、叶片未恢复正常生长的植株不宜过早施肥，以免引起肥害，影响成活。

第三节　脐橙果园管理

一、土肥水管理

1. 土壤管理

（1）套种绿肥、改良土壤。山地丘陵多为红壤、黄壤和紫砂土壤，土质黏、酸、瘦，通透性、保水性差，有机质含量少。因此，脐橙园套种绿肥可以起到改良土壤结构，持续提高土壤有机质及肥力，减少化肥投入；防止水土流失，保肥、保水、抗旱；调节气温，促进脐橙维持正常的生理活动；促进脐橙生长，显著提高果品产量和品质；吸引大量天敌，提高脐橙园生物防治能力，减轻病虫为害和减少农药使用量的效果。方法是在彻底除尽田间杂草后，树盘外人工种植适应性强、鲜草量大、矮秆、浅根性，有利于害虫天敌滋生繁殖的草种（如百花三叶草、花生草、黑麦草、人字草等）；或在清除脐橙园杂草时，主要间掉恶性杂草（如狗牙根、茅草、香附子等），而在树盘外蓄留自然良性杂草（如蒲公英、狗尾草、藿香蓟等）。幼龄脐橙园，树冠小，可利用行间套种经济作物（如花生、豆科类、紫云英、肥田萝卜等），不宜套种烟叶、玉米、西瓜、红薯等高秆和藤本类作物。

（2）扩穴改土。通常定植 3 年后每年都进行扩穴改土，扩穴改土的方法是沿定植沟或上一次扩穴沟外侧向外深翻，要求不留隔墙，见根即可，避免损伤过多须根；扩穴沟宽 50~60cm，深60~80cm；扩穴回填改土材料建议每株施粗有机肥（如绿肥、杂草、秸秆等）20~35kg+"海状元818"海藻有机肥5~8kg+"海状元818"海藻有机无机复混肥（12-6-12）2~4kg+"海状元818"海藻微生物菌肥0.5~1kg+过磷酸钙1~1.5kg。要求粗肥在下，精肥在上，土肥拌匀，回填后及时浇水。

扩穴的时间与基肥施入相结合，投产园一般都在9—11月秋梢老熟后进行；未结果幼龄脐橙园，春梢老熟后至11月中旬均可进行。

2. 施肥管理

（1）幼树施肥。

①当年定植幼树施肥：当年定植的幼树，以保成活、长树为主要目的，但根系又不发达。施肥方法上多采用勤施薄施，少量多次。从定植成活后半个月开始，至8月中旬止，每隔10~15天追施1次每株施"海状元818"海藻膏状肥100~150倍液+"海状元818"海藻生根剂600~800倍液混合液20kg，秋冬季节适当重施1次基肥。

②结果前幼树施肥：（2~3龄）的幼树采用勤施薄施，以氮肥为主，配合磷、钾肥的原则。全年施肥6~8次，氮、磷、钾比例1：（0.25~0.3）：0.5。

春、夏、秋梢抽生前10~15天或春、夏、秋梢抽生后10~15天各1次促梢肥，每株施"海状元818"海藻有机肥0.25~0.5kg+"海状元818"海藻有机无机复混肥（12-6-12）0.2~0.3kg+"海状元818"海藻微生物菌肥0.1~0.15kg。

每次新梢自剪后，追施1~2次壮梢肥，每株施"海状元818"海藻有机无机复混肥（12-6-12）0.15~0.2kg。随着树龄增大，逐年加大施肥量。对来年挂果果树，适当增施磷、钾肥，同时，配合根外追肥，8月下旬以后停止施用速效氮肥。

秋冬季节深施一次基肥。每株深施"海状元818"海藻有机肥2~3kg+"海状元818"海藻有机无机复混肥（12-6-12）

0.2~0.3kg+"海状元818"海藻微生物菌肥0.2~0.3kg+过磷酸钙0.5~1kg。

（2）初果树的施肥。处于（4~6龄）初果期的脐橙树，既要继续扩大树冠，又要有一定产量，其结果母枝以早秋梢为主，因此，施肥要以壮果攻秋梢肥为重点，施肥量随树龄和结果量的增加而逐年增加。

①春芽肥：2月上中旬，每株施"海状元818"海藻复混肥（30-0-5）0.2~0.3kg+"海状元818"海藻有机无机复混肥（12-6-12）0.2~0.4kg。

②壮果攻秋梢肥：6月中下旬，每株施"海状元818"海藻有机肥2~3kg+"海状元818"海藻复混肥（16-8-18）0.5~1kg+"海状元818"海藻微生物菌肥0.2~0.3kg+过磷酸钙0.5~1kg。

③基肥：9—10月，结合扩穴改土，实行冬肥秋施，每株施粗有机肥20~25kg+"海状元818"海藻有机肥5~6kg+"海状元818"海藻有机无机复混肥（12-6-12）2~2.5kg+"海状元818"海藻微生物菌肥0.5kg+过磷酸钙0.5~1kg。

④采果肥：采果后，每株施"海状元818"海藻膏状肥100~150倍液30~40kg。

（3）盛果树的施肥。脐橙进入（7龄以上）结果盛期，营养生长与生殖生长达到相对平衡。其结果母枝以春梢为主，因此施肥要着重春芽肥和壮果肥，适施采果肥，并及时补充微量元素。

①春芽肥：2月中下旬，每株施"海状元818"生物有机肥1.5~2kg+"海状元818"海藻有机无机复混肥（12-6-12）0.5~1kg+过磷酸钙0.3~0.5kg。

②壮果肥：6月中下旬，每株施"海状元818"生物有机肥4~6kg+"海状元818"海藻有机无机复混肥（16-8-18）0.5~1kg+"海状元818"海藻可乐钾0.3~0.5kg。

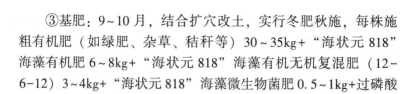

③基肥：9～10月，结合扩穴改土，实行冬肥秋施，每株施粗有机肥（如绿肥、杂草、秸秆等）30～35kg+"海状元818"海藻有机肥6～8kg+"海状元818"海藻有机无机复混肥（12-6-12）3～4kg+"海状元818"海藻微生物菌肥0.5～1kg+过磷酸钙1～1.5kg

④采果肥：采果后，每株施"海状元818"生物有机肥1～1.5kg+"海状元818"海藻有机无机复混肥（12-6-12）0.5～1kg+过磷酸钙0.5kg。

（4）施肥方法。

①条状沟施：在树冠滴水线外缘，于相对两侧开条状施肥沟，将肥料、土拌匀施入沟内，每次更换位置。

②环状沟施：沿树冠滴水线外缘相对两侧开环状施肥沟，将肥、土拌匀施入沟内，每次更换位置。

③放射状沟施：在树冠投影范围内距树干一定距离处开始，向外开挖4～6条内浅外深、呈放射状的施肥沟，将肥、土拌匀施于穴内，每次更换位置。

④穴状施肥：在树冠投影范围内挖若干施肥穴，将肥、土拌匀施于穴内，每次更换位置。

⑤树盘撒施：春夏多雨季节，在降水前（或雨后立即）可采用树盘撒施追肥。撒施肥料应做到少量多次，不宜一次过多，以免雨量大时流失严重；肥料要撒施均匀，不能集中一处，特别是不能距树蔸部位太近；撒施时注意肥料不要撒到枝叶上；幼龄脐橙树撒施肥料前后，最好能适当疏松树盘，防止表土板结。

⑥水肥浇施：用"海状元818"海藻膏状肥或"海状元818"海藻可乐钾对水150倍左右稀释后，浇施于树冠范围内。为防止根系上浮，成年大树每次水肥浇施量不少于30kg，幼树浇透为止。为减少水肥流失、使水肥能够深入渗透，也可于树冠滴水线外缘两侧开挖深15～20cm的条状或环状沟，水肥浇入沟内，

待其完全下渗后，覆一层薄土减少蒸发，如此多次使用后，最终将施肥沟完全填满。

（5）根外追肥。

①在脐橙谢花 2/3~3/4 时，使用"海状元 818"花果丰 800 倍液+"澳洛珈"高钾海藻精 1 500 倍液+"海状元 818"植物卫士 800 倍液叶面喷施 1 次。花量小的年份或树，可考虑提前到谢花 1/2 时喷施。

②脐橙谢花后 7 天或幼果期，使用"海状元 818"稀土钙 800 倍液+"澳洛珈"高钾海藻精 1 500 倍液+"海状元 818"植物卫士 800 倍液叶面喷施 1 次。

③第二次生理落果后，使用"海状元 818"花果丰 800 倍液+"海状元 818"果俩好 800 倍液+"海状元 818"植物卫士 800 倍液叶面喷施 1 次，以后每隔 15~20 天 1 次，连喷 2~3 次。

3. 水分管理

（1）灌溉。在脐橙春梢萌动及开花期（3—5 月）和果实膨大期（7—10 月）对水分敏感，此期若发生干旱应及时灌溉。每次灌溉时必须浇透，浇水量太少，起不到应有的作用，反而增加了管理成本。成年结果树每次每株浇水量不少于 100kg，每 10~15 天 1 次。盛夏及秋、冬季干旱少雨季节，应在覆盖、浅耕等保水抗旱基础上，及时进行果园灌溉，以利壮果促销，防止裂果。

果实采收前 15~20 天，除特别干旱需适当灌水外，严禁灌水，防止降低脐橙果实的糖度和贮藏性能。

此外，在冬季低温霜冻来临前应及时灌水，以提高土温，减轻冻害。

（2）排水。春季和初夏多雨季节，要及时开沟排水，防止果园积水，预防因积水致使根系长期处于缺氧状态，造成烂根和诱发脚腐病。

二、整形与修剪

1. 整形修剪原则

（1）透光性。骨干枝相互间隔宜宽，力求侧枝不相互接触；树冠外围各处适当疏去部分大枝，留足透光入内的空隙，将阳光导入内膛，相应增大结果容积。

（2）均衡性。维持侧枝生长的均衡，避免各枝组强弱不均而造成结果量减少；保持旧叶、新叶和花的比例为 2：3：2，保证结果率；调控叶果比，避免出现大小年结果现象。

2. 修剪时期

（1）冬季修剪。主要是在采果后至第二年春芽萌发前进行修剪。霜冻严重的地区，为预防冻害应尽量多留老叶过冬，修剪期在"立春"前后进行为宜。

（2）春季修剪。主要是在花蕾期为调控旧叶、新叶、花的比例进行修剪；

（3）夏季修剪。主要是在春梢老熟后至秋梢抽生前后修剪

3. 修剪技术及效果

（1）短截。对新梢或多年生枝将其剪去一段的修剪方法。通常对当年生新梢短截，可以促进分枝，降低分枝高度，增强树势；对多年生枝进行短截，因降低了发梢部位的分枝级数，使所抽生新梢更加强旺。

（2）疏剪。将新梢、多年生枝或枝组，从其基部分枝处剪去。疏剪可减少树体总枝量，有利于缓和生长势，促进开花结果。

（3）回缩。将一个大枝组疏剪去前端衰弱部分，再对剪口强枝进行中度短截。通过回缩处理，促进剪口枝的营养生长，使原来已趋于衰退的枝组更新为一个生长势强壮的新枝组。

（4）抹芽放梢。当脐橙芽零星萌发时，将其抹除，连续 2～

3次，待到更多的芽发育成熟后，再任其整齐统一抽生出大量新梢。

（5）摘心。生长季节将未停止生长的新梢顶端一段摘除。实际上是生长季节进行的极轻度短截。

（6）撑、拉、吊枝。通过施加外力，改变新梢、大枝的生长方向或着生角度，达到调整生长势和分布空间的目的。

4. 幼年树的整形与修剪

（1）整形方法。一般树形采用开心自然圆形。即通过高位定干整形，培养主干高度40cm左右（平地、缓坡地可适当高些，40~60cm）；培养3~4个主枝，主枝分布要均匀，不上下重叠，间距10~20cm左右；9~12个副主枝（即每个主枝培养3~4个副主枝）树形结构。

（2）修剪方法。整个幼树时期的修剪，除短截主枝、副主枝的延长枝外，应尽量轻剪，同时，除对过密枝群作适当疏删外，尽量以摘心、抹芽放梢等手段来代替短截与疏剪。

5. 初结果树修剪

初结果树的修剪，主要是短截各级骨干枝（主枝、副主枝）的延长枝，抹除夏梢，促发健壮秋梢。对过长的营养枝留8~10片叶及时摘心，回缩或短截结果后的枝组。抽生较多夏、秋梢营养枝时，可采取"三三制"处理：即短截1/3生长势较强的枝，疏去1/3较弱枝，保留1/3的中庸枝。

通常采取"两促（促春梢和早秋梢），两控（控夏梢和晚秋梢）"技术。

6. 盛果期大树修剪

盛果期大树的修剪，主要是回缩结果枝组，落花落果枝组和衰退枝组，剪除枯枝、病虫枝，及时更新侧枝、枝组和小枝。对较拥挤的骨干枝适当疏剪开"天窗"，使树冠通风透光。对当年抽生的秋梢实行"三三制"处理（即短强、留中、去弱），保持抽梢和结果的相对平衡，防止大小年结果。

7. 衰老树更新修剪

当树冠各部大多数枝组均变为衰弱枝组时，需要进行一次全面更新。

（1）枝组更新。将树冠外围的衰弱枝组都进行短截，保留较强或中庸枝组。尽量保留有叶枝，使之迅速恢复树势。

（2）露骨更新。对树势极为衰弱和叶片大部分脱落的树，锯除不符合整形要求的主枝、副主枝。短截所有保留的侧枝的枝组。对抽生的新梢及时摘心，促发分枝，使之迅速形成新的树冠。

（3）更新时期。老树更新修剪必须在早春萌芽前进行，同时，要用接蜡保护剪口，锯口并进行树干涂白。春季萌芽后要注意新梢的保护和整形。

三、疏枝、疏花、疏果

脐橙树的花量多少与树势的强弱有着较大的关系。一般树势较弱的花量多，强旺树花量偏少，中庸树花量适中。据相关试验表明，弱树的花量为 2 万朵左右，坐果率为 0.4% 左右，果实数为 80 个，果实偏小；强旺树的花量为 2 千朵左右，坐果率为 1.8%，果实数为 36 个，果实偏大；中庸树花量约为 5 千朵，坐果率为 2.8%，果实数为 140 个，果实中等适中。因此，疏花疏果总的原则是：不同树势采取不同的方法，多花多疏，少花少疏，强旺树不疏，中庸树不疏或少疏。具体方法如下。

1. 冬季疏枝

冬季疏枝一般在采果后至萌芽前期间进行，如果时间来不及，也可以在花期进行。

（1）疏剪落叶枝。疏除全部落叶春梢，短截外围落叶秋梢。

（2）疏除弱细枝。疏除长度小于 5cm 的弱梢枝。

（3）疏除密群枝。对过密的群枝采取三除一、五除二的方法，如果群枝都较强旺，则疏掉最强枝；如果群枝都是弱枝，则疏去掉最弱的枝。

（4）回缩结果枝组。对中下部结果枝组剪除落花落果枝、果蒂枝、弱春梢，留中庸骑背春梢回缩。

（5）疏大枝。对过密拥挤大枝，依据情况可从基部或留春梢结果母枝处剪除，以疏通内堂空间为原则。

2. 花期疏花

疏花时间一般在现蕾后到谢花前进行。只要方便操作，越早越好。疏花主要针对花量过大的脐橙树，及时疏除无叶花序枝、无叶单花枝细弱花枝、密生花枝等，保留有叶单花枝和有叶花序枝。对于树冠内膛中庸枝上的无叶单花，具有一定坐果能力，应适当保留。初结果树也应通过疏花减少花量，防止结果过多早衰造成"小老树"。

3. 疏果

疏果分2~3次完成，不能一步到位。第一次疏果宜早，一般在第二次生理落果结束后的6月中旬，对着果太多的脐橙树要及时进行疏果，按照"疏密留稀、留优去劣"的原则，疏去小果、畸形果、病虫果、密生果、机械损伤果及发育僵化果等。对于春季花量大、新梢极少的树，疏果量宜大些，以果换梢，增加新叶比例，利于恢复树势。第二次在7月中下旬结合短截放梢进行，主要疏去小果、畸形果、病早果及日灼果、明显粗皮的单顶果等。第三次在9月上中旬进行，主要疏除小果、畸形果、裂果、日灼果、病虫果等。通常盛果期每亩（667m²）产量控制在3 000kg左右。

四、套袋、防裂果技术

1. 套袋

脐橙套袋能有效防止脐黄裂果、日灼果和网纹果的产生。一般选用柑橘专用纸袋，单层白色半透明，规格为 19cm×15cm。套袋时期为第二次生理落果后；除袋时期可与果实采收同时进行。

2. 防裂果

脐橙膨大期裂果较严重，尤其是朋娜脐橙，裂果率通常为20%左右，严重时可达50%以上。防治措施如下。

（1）均衡供水，减少土壤干湿差，特别是久旱不雨时，要及时灌水或喷水，改善果园小气候，提高空气相对湿度，避免果皮过分干燥和果肉水分变化太大而引起裂果。

（2）树盘或行间覆盖秸秆等，增强果园抗旱保水能力，调节温度。

（3）及时防治病虫害，特别要注意防治介壳虫和锈壁虱的为害。

（4）在第 2 次生理落果前后的 6 月上旬和下旬，果实套袋前，分别喷施 1 次"海状元 818"花果丰 800 倍液＋"海状元818"植物卫士 800 倍液，防裂保果效果明显。

第四节　脐橙采收与采后处理

脐橙果实采收是田间生产的最后环节，也是果实商品处理上的最初环节，采收技术直接影响果实贮藏、运输和销售的效果。

一、采收

（一）采收前的准备

采收前应准备好采果工具，主要工具有采果剪、采果篓或袋、装果箱和采果梯。

1. 采果剪

采果时，为了防止刺伤果实，减少脐橙果皮的机械损伤，应使用采果剪。作业时，齐果蒂剪取。采果剪采用剪口部分弯曲的对口式果剪。果剪刀口要锋利、合缝、不错口，以保证剪口平整光滑。

2. 采果篓或袋

采果篓一般用竹篾或荆条编制，也有用布制成的袋子，通常有圆形和长方形等形状。采果篓不宜过大，为了便于采果人员随身携带，容量以装 5kg 左右为好。采果篓里面应光滑，不至于伤害果皮，必要时篓内应衬垫棕片或厚塑料薄膜。采果篓为随身携带的容器，要求做到轻便坚固。

3. 装果箱

有用木条制成的木箱，也有用竹子编的箩或筐，还有用塑料制成的筐。这种容器要求光滑和干净，里面最好有衬垫，如用纸做衬垫，可避免果箱伤害果皮。

4. 采果梯

采用双面采果梯，使用起来较方便，既可调节高度，又不会因紧靠树干而损伤枝叶和果实。

（二）采收时期

采收时期对脐橙的产量、品质、树势及翌年的产量均有影响。适时采收，应按照脐橙果鲜销或贮藏所要求的成熟度进行。若过早采收，果实的内部营养成分尚未完全转化形成，影响果品的产量和品质；采收过迟，也会降低品质，增加落果，容易腐烂，不耐贮藏。适时采收的关键是掌握采收期。脐橙通常在 11 月中旬至翌年 1 月上旬成熟时采收。

（三）采收方法

采果时，应遵循由下而上、由外到内的原则。先从树的最低和最外围的果实开始，逐渐向上和向内采摘。作业时，一手托果，一手持剪采果，为保证采收质量，通常采用"一果两剪"法。即第一剪带果梗剪下果实，第二剪齐果蒂剪平。采时不可拉枝和拉果。尤其是远离身边的果实不可强行拉至身边，以免折断枝条或者拉松果蒂。

为了保证采收质量，要严格执行操作规程，认真做到轻采、轻放、轻装和轻卸。对于采下的果实，应轻轻倒入有衬垫的篓（筐）内，不要乱摔乱丢。果篓和果筐不要盛得太满，以免果实滚落和被压伤。果实倒篓和转筐时都要轻拿轻放，田间尽量减少倒动，以防止造成碰伤和摔伤。对伤果、落地果、病虫果及等外果，应分别放置，不要与好果混放。

二、贮藏

果品贮藏保鲜方法多种多样，既有传统的农家简易库贮藏，又有采用现代技术的贮藏，如气调贮藏、冷藏等。采用何种贮藏方法，既要从经济技术条件出发，因地制宜，因陋就简，又要有长远打算，规模效益。

1. 通风库贮藏

通风贮藏库，主要利用室内外存在的温差和库底温度的差异，通过关启通风窗来调节库内温度和湿度，并排除不良气体，保持稳定而较低的库温。通风库贮藏，库容量大，结构坚固，产区和销售区均可采用。

2. 农家简易库贮藏

农家简易库多是砖墙瓦面平房或者砖柱瓦房，依靠自然通风换气来调节库内温度和湿度进行贮藏。因此，要求仓库门窗关启灵活，门窗厚度要超过普通平房。仓库四周和屋顶应加设通风窗，安装排风扇。入库前，仓库及用具可用 $500 \sim 1\,000$ mg/kg 多菌灵溶液消毒。果实入库前，需要经过防腐保鲜剂处理，并预贮 $2 \sim 3$ 天，挑选无病虫、无损伤的果实，用箱或篓装好，按"品"字形进行堆垛，并套上或罩上塑料薄膜，保持湿度，垛与垛之间、垛与墙之间要保持一定的距离，以利于通风和入库检查。库房的管理与通风贮藏库相似。

3. 留树贮藏

脐橙果实与其他柑橘类果实一样，在成熟过程中没有明显的呼吸高峰，所以，果实成熟期较长。利用这一特性，生产上可将已经成熟的果实继续保留在树上，分批采收，供应市场。脐橙将在 12 月采收的果实延迟至春节时采收上市，供消费者作年货馈赠亲友，果价提升可达 30%以上。近年来，随着气候变暖，出现暖冬现象，脐橙留树贮藏获得成功。经树上留果保鲜的果实，色泽更鲜艳，糖量增加，可溶性固形物含量提高，柠檬酸含量下降，风味更香甜，肉质更细嫩化渣，深受消费者的欢迎。

【知识链接】脐橙周年栽培管理

（一）12 月至翌年 1 月栽培管理

一是修剪并清除园内的枯枝、病虫枝、密枝、弱枝、回缩下垂枝；二是施肥，推荐进行配方施肥，每株成年树施 5~7.5kg 牛粪枯饼颗粒或鸡粪肥，加复合肥 0.5kg，幼树匀减，看树施肥；三是做好防寒防冻工作，结合病虫防治，叶面喷施有机营养液，恢复树势，防治冬季落叶，促进花芽分化。

（二）2—3 月栽培管理

一是叶面喷施硼肥，增强花质，提高坐果率；二是摘除没有投产的幼树花蕾，减少养分消耗，芽长 3~6cm 时疏梢，培养树形。

（三）4 月栽培管理

花前防治红蜘蛛、粉虱类、蓟马、花蕾蛆、木虱等，并结合防治大小实蝇，同时，加强炭疽病、溃疡病的防治，增施有机营养液，增强树势。

（四）5—6月栽培管理

一是花开后抓住下雨天气，撒施稳果肥（每株 0.25kg 左右），春梢转绿后喷施叶面肥保果、保春梢老熟、提高座果率，人工抹除零星的夏梢或化学控梢；二是继续防治各种病虫害。

（五）7月栽培管理

一是继续控夏梢，中下旬实施夏剪，促放秋梢；二是浇灌一次冲施肥；三是继续防治病虫害。

（六）8月栽培管理

加强肥水管理，防治裂果和日灼，增强树势配方；二是预防秋梢潜叶蛾、溃疡病、炭疽病。

（七）9—10月栽培管理

一是防治红蜘蛛、介类、粉虱；二是抹除零星萌发的嫩梢；三是树冠喷施补钾钙的有机营养液，促果实着色，提高果实硬度，靓化果实。

（八）11月栽培管理

适时采摘果实，贮藏保鲜。

第八章　柑橘病虫害防治技术

第一节　柑橘主要病害防治

一、柑橘炭疽病

1. 为害症状

柑橘炭疽病为害叶片有 2 种症状类型：急性型（叶枯型）症状和慢性型（叶斑型）症状。

急性型（叶枯型）症状常从叶尖开始，初为暗绿色，像被开水烫过的样子，后变为淡黄色或黄褐色，病、健部分边缘不明显。叶卷曲，叶片很快脱落。此病从开始到叶片脱落仅为 3 ~ 5 天。叶片已脱落的枝梢很快枯死，并且在病梢上产生许多朱红色而带黏性的液点。慢性型（叶斑型）症状多出现在成长叶片或老叶的叶尖或近叶缘处，圆形或近圆形，稍凹陷，病斑初为黄褐色，后期灰白色，边缘褐色或深褐色。病、健部组织分界明显。天气潮湿时，病斑上会出现许多朱红色而带黏性的小液点。在干燥条件下，病斑上会出现黑色小粒点，散生或呈轮纹状排列。病叶脱落较慢（图 8-1）。

枝梢受害后也有两种症状。一种是由梢顶向下枯死。多发生在受过伤的枝梢。初期病部褐色，以后逐渐扩展，终致病梢枯死。枯死部位呈灰白色，病、健部组织分界明显，病部上有许多黑色小粒点。另一种发生在枝梢中部，从叶柄基部腋芽处或受伤

图 8-1　柑橘炭疽病病叶

皮层处开始发病，初为淡褐色，椭圆形，后扩展成梭形，稍凹陷。当病斑环割枝梢 1 周时，其上部枝梢很快全部干枯死亡。花开后，如果雌蕊的柱头受害，呈褐色腐烂状，会引起落花。果实受害，多从果蒂或其他部位出现褐色病斑。在比较干燥的条件下，果实上病斑病、健部分边缘明显，呈黄褐色至深褐色，稍凹陷，病部果皮革质，病组织只限于果皮层。空气湿度较大时，果实上病斑呈深褐色，并逐渐扩大，终至全果腐烂，其内部瓤囊也变褐腐烂。幼果期发病，病果腐烂后会失水干枯变成僵果悬挂在树上。

　　果实受害症状，分干斑型与果腐型两种。干斑型病斑黄褐色至栗褐色，凹陷，瓤囊一般不受害；果腐型多发生于贮藏期，白果蒂部或近蒂部开始出现褐色的不规则病斑，后逐渐扩散，并侵入瓤囊，终至全果腐烂（图 8-2）。

　　2. 防治措施

　　（1）农业防治。防治柑桶炭疽病应以加强栽培管理，提高树体抗病力为主，辅以冬季清园等措施。

　　（2）药剂防治。在春、夏、秋梢的嫩梢期各喷 1 次药。保护幼果要在落花后 1 个月内进行。每隔 10 天左右喷药 1 次，连续

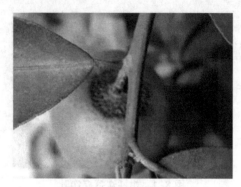

图8-2　柑橘炭疽病病果

喷2~3次。

防治炭疽病的有效药剂有：40%灭病威悬浮剂500倍液，65%代森锌可湿性粉剂500倍液，50%代森铵水剂800~1 000倍液，70%甲基托布津可湿性粉剂800~1 000倍液，50%多菌灵可湿性粉剂600倍液，或用80%炭疽福美可湿性粉剂500~800倍液。采果后用45%特克多悬浮剂500倍液或使用75%抑霉唑硫酸盐2 000倍+50%苯来特可湿性粉剂1 000倍+72%2，4-D乳剂5 000倍浸果1~2分钟。

二、柑橘根腐病

1. 为害症状

柑橘根腐病主要为害幼苗，成株期也能发病。发病初期，仅仅是个别支根和须根感病，并逐渐向主根扩展。主根感病后，早期植株不表现症状，后随着根部腐烂程度的加剧，引起植株大量异常落叶、落果，严重时全树枯死。根茎部和树干、枝条上无任何异常症状。刨开根系后，可见须根皮层不同程度变褐腐烂，并有鱼腥臭味。根表皮腐烂变黑，不发新根和须根，地上部分枝叶变黄，小苗 2~3 年死亡，大树停止生长或者生长缓慢，逐年衰老。重茬或者积水严重地块发病较重。

2. 防治措施

苗木定植前将活土源（200kg/亩）+有机肥（2 000kg/亩）作为底肥施于穴内。苗木栽植可用种苗壮（柑橘专用型）50 倍液灌根 1~3 次，防治苗期根部病虫害，促进生根壮苗。成年丰产果树 1 年施用活土源颗粒剂 2 次，每次 40kg，改良土壤，防病促生。3 月（苗木定植后）施 1 次，10 月底至 11 月中旬（采收后）施第二次。

三、柑橘溃疡病

柑橘溃疡病是检疫性病害。为害所有柑橘类，橙类易感病，金柑类较耐病。

1. 为害症状

柑橘溃疡病主要为害叶片、果实和枝梢。叶片染病，初在叶背产生黄色或暗黄绿色油渍状小斑点，后叶面隆起，呈米黄色海绵状物。后隆起部破碎呈木栓状或病部凹陷，形成褶皱。后期病斑淡褐色，中央灰白色，并在病健部交界处形成一圈褐色釉光。凹陷部常破裂呈放射状。果实染病，与叶片上症状相似。病斑只限于在果皮上，发生严重时会引起早期落果。枝梢染病，初生圆形水渍状小点，暗绿色，后扩大灰褐色，木栓化，形成大而深的裂口，最后数个病斑融合形成黄褐色不规则形大斑，边缘明显（图 8-3）。

2. 防治措施

（1）加强栽培管理。不偏施氮肥，增施钾肥；控制橘园肥水，保证夏、秋梢抽发整齐。结合冬季清园，彻底清除树上与树下的残枝、残果或落地枝叶，集中烧毁或深埋。控制夏梢，抹除早秋梢，适时放梢。及时防治害虫。培育无病苗木，在无病区设

图 8-3　柑橘溃疡病病叶

置苗圃，所用苗木、接穗进行消毒。清园时或春季萌芽前喷石硫合剂 50~70 倍液。

春季开花前及落花后的 10 天、30 天、50 天，夏、秋梢期在嫩梢展叶和叶片转绿时，各喷药 1 次。

（2）果园管理。

①加强检疫，选用无毒的繁殖材料，严禁带病砧木、接穗和果实进入无病区。

②铲除并销毁病枝、病叶和病果。在发生溃疡病较普遍的果园，台风或暴风雨后使用铜制剂全面喷洒防治。

③加强田间栽培管理，不偏施氮肥，增施钾肥。

④做好潜叶蛾、凤蝶幼虫的防治，预防溃疡病病菌从潜叶蛾、凤蝶幼虫取食造成的伤口侵入植物组织，引发该病。

四、柑橘黄龙病

柑橘黄龙病为检疫性病害，可为害柑、橘、橙、柠檬和柚类。尤其以椪柑、柳城蜜橘、福橘、大红柑等品种最易感病，发病后衰退快。金柑类耐病力较强。

1. 为害症状

柑橘黄龙病为全株感病，感病不受树龄大小的限制。主要症状表现在枝梢和果实上。发病时，最初的症状表现在叶片上。发病叶有 3 种黄化类型，即均匀黄化、斑驳黄化和缺素状黄化。均匀黄化表现在幼年树和初期结果树春梢发病，新梢病症为全株新叶均匀黄化，夏、秋梢发病则是新梢叶片在转绿过程出现黄化。成年树，常在夏、秋梢上发病，树冠上少数枝条的新梢叶片黄化。斑驳黄化和缺素状黄化表现在一些病株中有的老叶叶片基部、叶脉附近或边缘开始褪绿黄化，并逐渐扩大成黄绿相间的斑驳状黄化。黄化枝上再发的新梢，表现为缺素状黄化。果实感病时表现为果小、畸形（圆柱形）。近成熟时着色不匀，表现为果顶绿色、果蒂红色的半红半绿果，通称"红鼻子果"。果实有"怪味"（图 8-4）。

图 8-4 柑橘黄龙病病果

2. 防治措施

柑橘黄龙病为检疫性病害，目前还未有十分有效的清除或控制其病情发展的人工合成药物。因此，在柑橘黄龙病防治方面主要有如下 3 种。

（1）种植无病毒苗木。在新区、疫区种植经脱毒处理的无病毒苗木。

（2）挖除发病植株。发现有柑橘黄龙病病症的植株，及时挖除。应首先在发病植株上喷化学农药把柑橘木虱杀死，然后再挖病树。

（3）防治柑橘木虱。柑橘木虱是传播柑橘黄龙病的唯一昆虫。在柑橘生长季节及冬季清园时，都应加入防治柑橘木虱的内容。

五、柑橘煤烟病

1. 为害症状

在我国柑橘产区普遍发生，症状常发生在柑橘叶、果实和枝梢表面。其上生出的霉层，颇似覆盖的一层煤烟灰，使植株生长受影响，果实品质和产量降低。受害严重时，叶片蜷缩或脱落，幼果腐烂。真菌以蚜虫、介壳虫和粉虱等害虫的分泌物为营养生长繁殖，但不侵入寄主，黑霉层容易被抹掉。发生严重时影响树体的光合作用和果实着色，使树势生长衰弱，降低果实的品质（图8-5）。

图8-5　柑橘煤烟病症状

2. 防治措施

（1）农业措施。加强柑橘园管理，适当修剪，以利通风透光；降低树冠湿度，增强树势。

（2）化学防治。在蚧类、粉虱和蚜虫等害虫发生严重的柑橘园，应喷施松脂合剂或机油乳剂等防治，也可于发病初期喷施机油乳剂 60 倍液或 50%多菌灵可湿性粉剂 400 倍液。

六、柑橘疮痂病

1. 为害症状

柑橘疮痂病为害新梢，叶片和幼果，也可为害花器。受害叶片初现油浸状小点，随之逐渐扩大，呈蜡黄色至黄褐色，后变灰白色至灰褐色，形成向一面突起的直径 0.3～2mm 的圆锥形疮痂状木栓化病斑，似牛角或漏斗状，表面粗糙。叶片正反两面都可生病斑，但多数发生在叶片背面，不穿透两面。病斑散生或连片，为害严重时使叶片畸形扭曲。新梢受害症状与叶片相似，但突起不明显，病斑分散或连成一片，枝梢短小扭曲。花瓣受害很快脱落。果实受害后，果皮上常长出许多散生或群生的瘤状突起，幼果发病多呈茶褐色腐烂脱落；稍大的果实发病产生黄褐色木栓化的突起，畸形易早落，果实大后发病，病斑往往变得不大显著，但皮厚汁少；果实后期发病，病部果皮组织一大块坏死，呈癣皮状剥落，下面的组织木栓化，皮层较薄，久晴骤雨常易开裂（图 8-6）。

2. 防治措施

（1）农业防治。疮痂病只侵染柑橘的幼嫩组织，栽培上应把防治的重点放在幼嫩组织的发生期。一是栽植无病苗；二是加强栽培管理，增强树势，冬季彻底剪除有病枝叶，集中烧毁，消灭越冬病源；三是抹芽控梢，使枝梢抽吐整齐，以利喷药保梢。

（2）药剂防治。喷药保梢护果，药剂可选用：77%可杀得、

图 8-6　柑橘疮痂病病果

半量式或等量式波尔多液、70%甲基托布津可湿性粉剂、80%代森锰锌可湿性粉剂、77%氢氧化铜可湿性粉剂等，根据病情定喷药次数，一般隔 10~15 天喷 1 次。

七、柑橘萎缩病

1. 为害症状

柑橘萎缩病是柑橘生产上的重要病毒病，在柑橘种植区有一定范围的发生。症状主要表现在春梢新芽黄化，新叶变小皱缩，叶片两侧明显向叶背面反卷成船形或匙形，全株矮化，枝叶丛生。严重时开花多结果少，果实小而畸形，蒂部果皮变厚（图 8-7）。

2. 防治措施

（1）从无病的母本树上采穗。将带毒母树置于白天 40℃，夜间 30℃（各 12 小时）的高温环境热处理 42~49 天后采穗嫁接，或用上述温度热处理 7 天后，取其嫩芽作茎尖嫁接可脱除该病毒。

（2）及时砍伐重症的中心病株，并加强肥水管理，增强轻病株的树势。

图 8-7　柑橘萎缩病病叶

（3）病园更新时进行深耕。此病主要为害温州蜜柑，也可为害脐橙、伊予柑、夏柑和西米诺尔橘柚等，还可侵染豆科、匣科、苎麻科、苋科、菊科、葫芦科的 34 种草本植物，但多数寄主为隐症带毒者。

第二节　柑橘主要虫害防治

一、柑橘红蜘蛛

1. 为害症状

该虫主要为害柑橘叶片、枝梢和果实。被害叶面呈现无数灰白色小斑点，失去原有光泽，严重时全叶失绿变成灰白色，造成大量落叶。亦能为害果实及绿色枝梢，影响树势和产量。一年发生多代，主要由于温度的影响，红蜘蛛的发生有两个高峰期，一般出现在 4—6 月和 9—11 月。极易产生抗药性，高温干旱季节发生严重。

2. 防治措施

柑橘螨类的防治应从柑橘园生态系统全局考虑，贯彻"预防为主，综合防治"的方针，合理使用农药，保护、利用天敌，充分发挥生态系统的自然控制作用，将害螨的为害控制在经济允许水平之下。

（1）农业防治。加强柑橘园水肥管理。冬、春干旱时及时灌水，促进春梢抽发，利于寄生菌、捕食螨的发生和流行，造成对害螨不利的生态环境。

（2）生物防治。

①保护和利用天敌，对害螨有显著的控制作用：成年树在每年的3—9月均可释放，幼龄树建议在每年的7—8月释放。释放时每叶害螨数量控制在两只以内，害虫少于1只（均为百叶平均）。按要求使用，控害期达60~90天。每株1袋（≥500只）在傍晚或阴天释放，在纸袋上缘1/3处斜剪3~4cm长的一小口，再用图钉或塑料细绳固定在树冠内背阳光的主杆上，袋底靠枝丫。

②施用生物农药叶绿康（果树专用型）：在若螨期，于阴天或傍晚喷施叶绿康（果树专用型）。稀释50倍施用，均匀喷施于叶片背面，每隔7~10天施用1次，连续使用2~3次。

二、柑橘潜叶蛾

1. 为害症状

该虫以幼虫潜蛀入植株的新梢、嫩叶，在上下表皮的夹层内形成迂回曲折的虫道，使整个新梢、叶片不能舒展，并易脱落；削弱光合作用，影响新梢充实，成为其他小型害虫的隐蔽场所，增加柑橘溃疡病病菌侵染的机会，严重时可使秋梢全部枯黄。一年发生多代，每年4月下旬至5月上旬，幼虫开始为害，湖北省地区5—6月和8—9月为2个发生盛期，为害严重（图8-8）。

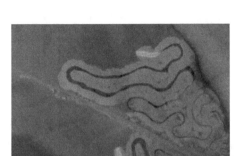

图 8-8　柑橘潜叶蛾造成的虫道

2. 防治措施

（1）农业防治。适时灌溉，清除杂草，消灭越冬、越夏虫源，降低虫口基数。

（2）药剂防治。在幼虫盛发期，施用生物农药叶绿康（果树专用型）。稀释 50 倍施用，均匀喷施于叶片背面，每隔 7~10 天施用 1 次，连续使用 2~3 次。

三、柑橘大实蝇

1. 为害症状

成虫产卵于柑橘幼果中，幼虫孵化后在果实内部穿食瓤瓣，常使果实出现未熟先黄，黄中带红现象，使被害果提前脱落。而且被害果实严重腐烂，使果实完全失去食用价值，严重影响产量和品质。该虫 1 年发生 1 代，成虫活动期可持续到 9 月底。雌成虫产卵期为 6 月上旬到 7 月中旬。幼虫于 7 月中旬开始孵化，9 月上旬为孵化盛期。10 月中旬到 11 月下旬化蛹、越冬。5—6 月为成虫活动盛期和产卵期，柑橘成熟或者青黄时幼虫（蛆）为害果实，导致果实腐烂（图 8-9）。

图 8-9　柑橘大实蝇造成的落果

2. 防治措施

（1）以防治成虫为主。采用实蝇诱杀剂，每亩用药 1 袋；1 份原药，对 2 份水，充分搅拌。选择果树背阴面中下层叶片或瓜果架阴面中下层叶片点状喷施。每亩果园喷 10 个点，每点喷施面积约 0.5m²，喷施稀释后的药液 30~50mL，以叶片上挂有药剂但不流淌为宜。带状喷施：大面积使用时采用机械带状喷施；顺行在果树树冠中下部或瓜果架中下部叶片喷施，形成一条宽约 0.5m 的药带。群防联防，集中销毁虫果。

（2）在花果期喷施生物农药花果丰（果树专用型）。于阴天或傍晚稀释 50 倍，均匀喷施于果上，每隔 7~10 天施用 1 次，连续使用 1~2 次。

（3）农业防治。处理虫果：将收集的虫果掩埋在 45cm 以上深度的土坑中，用土覆盖严实，或者将虫果直接装入高强度的密封袋中，密封处理，直接杀死果实中的幼虫。冬耕灭蛹：冬季冰冻前，翻耕园土 1 次，增加蛹的机械伤亡率，或因蛹的位置变更，不适应其生存而死亡，如冻死、闷死或不能羽化出土，或因被翻至地面，被鸟类等天敌啄食而消灭。

（4）其他诱杀防治。在成虫羽化期，利用刚羽化出土的柑橘大实蝇生命力较弱，成虫需补充营养物质进行引诱，集中诱杀成虫。毒饵配方可选用5%红糖+0.5%白醋+0.2%敌百虫溶液；果瑞特（0.1%阿维菌素饵剂，湖北谷瑞特生物技术有限公司）2倍液；猎蝇（0.02%饵剂GF-120，美国陶氏益农公司）5倍液；5%红糖+5%橙汁+5%水解蛋白+0.2%敌百虫溶液；大实蝇食物诱剂等。每亩点喷5株橘树，每株喷树冠1/3以下的1/3面积。或者在羽化期对橘园地面生草喷施诱杀剂诱杀成虫。也可采用新型诱捕器诱杀。田间使用时，将柑橘大实蝇诱杀球体置于树体中上部，每亩5~10个，诱杀球体可重复使用，但为了保证诱杀效果，诱杀芯片应每2~3个月更换1次。

四、柑橘凤蝶

1. 为害症状

柑橘凤蝶又名橘黑黄凤，属凤科。我国柑橘产区均有发生。为害柑橘和山椒等，幼虫将嫩叶、嫩梢食成缺刻（图8-10）。

图8-10　柑橘凤蝶幼虫

2. 防治措施

一是人工摘除卵或捕杀幼虫；二是冬季清园除去蛹；三是保护凤蝶金小蜂、凤蝶赤眼蜂和广大腿小蜂，或蛹的寄生蜂天敌，利用天敌防治柑橘凤蝶；四是为害旺期用药剂防治，可选用48%默斩1 000倍液喷施。

五、柑橘锈壁虱

1. 为害症状

该虫以成螨、若螨群集于叶、果、嫩枝上为害，主要为害柑橘叶背和果实。为害叶片主要是在叶背出现许多赤褐色的小斑，然后逐渐扩展并遍布全叶叶背，严重时可致叶片脱落；受害的嫩枝也可出现许多赤褐色略微凸起的小斑；受害的果实一般先在果面破坏油胞，接着在果实凹陷处出现赤褐色小斑点，由局部扩大至全果，使整个果实呈现黑褐色粗糙而无光泽的现象。这些受害果实不仅失去美观和固有光泽，而且品质降低，水分减少。

未成熟的果实受害后，直接影响其生长发育，使果实稀少，严重影响产量。湖北省地区主要为害时期为7—8月。柑橘膨大后的青果是其主要为害对象，为害之后柑橘果面呈铁锈色，木栓化，严重影响商品价值（图8-11）。

2. 防治措施

采用"以螨治螨"的防治策略，成年树在每年的3—9月均可释放，幼龄树建议在每年的7—8月释放。释放时每叶害螨数量控制在两只以内，害虫少于1只（均为百叶平均）。按要求使用，控害期达60~90天。每株1袋（≥500只）在傍晚或阴天释放，在纸袋上缘1/3处斜剪3~4cm长的一小口，再用图钉或塑料细绳固定在树冠内背阳光的主杆上，袋底靠枝丫。

图8-11　柑橘锈壁虱为害果实症状

第三节　柑橘病虫害绿色防治

一、农业防治

农业防治是指人们在病虫防治中采用农业综合措施，调整或改善柑橘生长的环境，增强柑橘对病虫的抵抗能力，或创造不利于病源生物、害虫等生长发育的环境或传播条件，或避开病源生物、害虫等生长发育传播的高峰期，以控制、避免或减轻病虫的为害。

农业防治技术主要包括以下几个方面。

1. 园地的选择

建园选择在阳光充足、土层深厚、无渍水、土壤肥沃、酸碱适宜的岗地或平地。

2. 品种选择

品种选择首先是推广品种本身对病虫的抵抗能力，其次是品种与砧木的搭配，所选择的砧木品种：一是要具有抗寒、抗旱能力强；二是要具有抗病虫能力；三是砧穗组合要优良。

3. 苗木选择

定植的苗木必须是无病毒苗，最理想的是采用容器苗。

4. 合理定植密度

蜜柑、橙类、柚类等定植株行距都不一，一般山地、岗地可适当密于平地，总体要求是丰产柑橘园株间、行间留有余地，不交叉重叠。一般特早熟、早熟品种定植 40～50 株/亩、椪柑 50 株/亩、橙类 40～45 株/亩、柚类 25～30 株/亩。

5. 生草栽培

生草栽培是指在橘园内选择与柑橘无共生病虫、对柑橘害虫的天敌有益的草种进行人为栽种，改变橘园生态或保护橘园生态的一种农业生产措施。橘园内所选草种的原则是浅根系、高度一般不超过 0.5m、具有固氮或为害虫天敌提供养料、易清除的草种，一般有百喜草、藿香蓟、豆科植物。橘园种草一般选择在梯壁或梯面，可用撒播、条播、穴播方式。注意事项是一定要控制所种草种的高度，对柑橘正常生长有影响时，必须人为结合园田杂草清除时割除，用于橘园内树体覆盖，冬季抽槽施肥时作为有机肥一并施入。

6. 合理施肥

施肥以测土配方，有机肥为主，结合无机肥，辅助叶面喷肥。

7. 灌溉和排水

柑橘在生长中离不开水，但水分过量又会导致根系缺氧窒息死亡，根据柑橘生长需求，保持土壤的持水量，在土壤持水量过高时，要及时清沟排水，总体原则是橘园内杜绝明水。

8. 中耕除草

柑橘在生长中离不开土壤，土壤中的水、肥、氧气含量直接影响柑橘的正常生长。因此，中耕除草是必不可少的一个环节，中耕除草就是在柑橘的生长季节中人为耕除杂草、翻动土壤的过程，这有利于调节土壤中的水、肥及氧气的含量，促进柑橘的根系正常生长。园地翻耕一年原则上 2 次，第一次在 6 月中下旬可与施肥相结合，第二次在 11 月下旬或 12 月上旬，2 次深翻深度以 0.2m 为宜，第二次也可与抽槽换土施有机肥相结合。

二、物理防治

柑橘病虫物理防治技术是人们利用柑橘害虫对光、化学物质等方法。在生产上主要有灯光诱杀、色板诱粘、性引诱剂诱粘等，物理防治是较为安全、环保的防治方法。

1. 灯光诱杀

灯光诱杀是利用害虫对光的某一频率的趋性，将这一波段用灯的形式形成光源置于橘园内，诱杀害虫。灯光诱杀一般在生物活动中应用，杀虫灯悬挂于害虫出现频率较高的地方，如山林边等，悬挂高度高于树冠 0.5~0.8m，防治区域内能见光源。一般山地 30~50 亩、平地 20~30 亩悬挂一盏灯。灯光诱杀一般对鳞翅目、半翅目、鞘翅目等害虫有效，在置放过程中一定要经常清理害虫尸体，害虫尸体可做鱼、鸡等饲料。

灯光诱杀现已形成产业，佳多牌、天意牌等杀虫灯应用较为广泛。注意事项是现在频振式杀虫灯有用 220V 交流电源、有太阳能做电源，在生产上建议采用太阳能的为主，用 220V 交流电源的成本将会大大增加，更重要的是不安全。

2. 化学引诱防治

利用生物对某一化学物质的特殊趋性来控制这种生物的方法，其主要有食物、性制剂等。在生产中主要是将这些特殊的物质混在杀虫剂（生物制剂如 BT 等）、黏合剂中，让害虫食用后中毒死亡或受味引诱而被粘住致死。这种方法主要以大实蝇防治为例，食物制剂主要是在实蝇类害虫产卵前 5~7 天（大实蝇一般在 6 月上中旬），利用其取食特性，在橘园内点喷，一般每亩点喷 10~15 个点，每个点 1 个 m²，均匀喷在实蝇成虫喜欢活动的区域（中上部），间隔 7~10 天喷 1 次，严重区域喷 3~4 次，一般区域喷 2~3 次。这种方法是成本较低，但受天气影响，喷后 24 小时遇雨必须重喷，这类产品有果瑞特、巨锋、红糖加敌百虫（30 : 1 的 1 000 倍液）等。性引诱剂主要是利用雌雄成虫交配产卵的习性，将性激素与黏合剂混配，将混合液均匀喷于塑胶板或纸板或饮料瓶上，在雌雄成虫交配前 5~7 天（大实蝇一般在 6 月上中旬）分 10~15 个点均匀悬挂于橘园内，悬挂于树冠的中上部。这种方法是成本较低，不受天气的影响，注意悬挂物干涸后再在上面喷性激素黏合剂液，确保防治效果。产品如我国台湾省产的好田园。

3. 色引诱防治

在生物活动中，利用生物对色彩的趋性，将食物加化学农药或黏合剂均匀喷洒在色板上，来控制或减少有害生物对柑橘树的伤害的方法。其主要有黄板、蓝板等，其防治对象主要是成虫，悬挂时间主要是成虫产卵交配前；亩用 20~30 张均匀悬挂于橘园中，悬挂高度高于树冠 0.3~0.5 m。注意事项是待色板干涸时补喷混合液体，确保色板诱粘效果。

三、生物防治

柑橘园的生物防治，是实现无公害生产的重要组成部分。尤其是利用天敌防治害虫生产上已在应用。通过对天敌昆虫的保护、引移、人工繁殖和释放，科学用药，创造有利于天敌昆虫繁殖的生态环境，使天敌昆虫在柑橘果树的生物防治中发挥应有的作用。

（一）柑橘害虫的天敌昆虫

我国的柑橘天敌昆虫已发现很多，主要有以下几种。

1. 异色瓢虫

异色瓢虫捕食橘蚜、木虱、红蜘蛛等。

2. 龟纹瓢虫

龟纹瓢虫捕食橘蚜、棉蚜、麦蚜和玉米蚜等。

3. 深点食螨瓢虫

该虫又名小黑瓢虫，其成虫和幼虫均捕食红蜘蛛和四斑黄蜘蛛，捕食量比塔六点蓟马、钝绥螨大，是四川省重庆柑橘园螨类天敌的优势种。

此外，还有腹管食螨瓢虫、整胸寡节瓢虫、湖北红唇瓢虫、红点唇瓢虫、拟小食螨瓢虫、黑囊食螨瓢虫、七星瓢虫等，限于篇幅此略。

4. 日本方头甲

该虫捕食矢尖蚧、糠片蚧、黑点蚧、褐圆蚧、白轮蚧、桑盾蚧、米兰白轮蚧、琉璃圆蚧和柿绵蚧等。

5. 大草蛉

该虫捕食蚜虫、红蜘蛛。

6. 中华草蛉

该虫捕食蚜虫和红蜘蛛。

7. 塔六点蓟马

该虫捕食红蜘蛛、四斑黄蜘蛛等螨类，尤其以早春其他天敌少时较多，且具较强的抗药性。

8. 尼氏钝绥螨

该螨捕食红蜘蛛和四斑黄蜘蛛等。

9. 德氏钝绥螨

该螨捕食红蜘蛛和跗线螨。

10. 矢尖蚧蚜小蜂

该虫寄生于矢尖蚧未产卵的雌成虫。

11. 矢尖蚧花角蚜小蜂

该虫寄生于矢尖蚧的产卵雌成虫。

12. 黄金蚜小蜂

该虫寄生于褐圆蚧、红圆蚧、糠片蚧、黑点蚧、矢尖蚧、黄圆蚧和黑刺粉虱等害虫。

此外，还有盾蚧长缨蚜小蜂、双带巨角跳小蜂、红蜡蚧扁角跳小蜂等天敌。

13. 粉虱细蜂

该虫寄生于黑刺粉虱、吴氏刺粉虱和柑橘黑刺粉虱。

14. 白星姬小蜂

寄生于潜叶蛾的 2 龄及 3 龄幼虫，对潜叶蛾的发生有显著的抑制作用。

15. 广大腿小蜂

该虫寄生于拟小黄卷叶蛾、小黄卷蛾等。

16. 汤普逊多毛菌

寄生于锈壁虱。

17. 粉虱座壳孢

该菌除寄生于柑橘粉虱外，还寄生于双刺姬粉虱、绵粉虱、桑粉虱、烟粉虱和温室白粉虱等。

18. 褐带长卷叶蛾颗粒体病毒

寄生于褐带长卷叶蛾幼虫。

二点螳螂、海南蟏、蟾蜍等也是柑橘害虫的天敌。

(二) 柑橘园天敌昆虫保护利用

1. 人工饲养和释放天敌控制害虫

如室内用青杠和玉米等花粉来繁殖钝绥螨等防治红蜘蛛，用马铃薯饲养桑盾蚧来繁殖日本方头甲和湖北红点唇瓢虫等防治矢尖蚧等；用夹竹桃叶饲养褐圆蚧，用马铃薯饲养桑盾蚧来繁殖蚜小蜂防治褐圆蚧等；用蚜虫或米蛾卵饲养大草蛉防治木虱、蚜虫；用柞蚕或蓖麻蚕卵繁殖松毛虫赤眼蜂防治柑橘卷叶蛾等。

2. 人工助迁天敌

如将尼氏钝绥螨多的柑橘园中带天敌的柑橘叶片摘下，挂于红蜘蛛多而天敌少的柑橘园内，防治柑橘叶螨；将被粉虱细蜂寄生的黑刺粉虱蛹多的柑橘叶摘下，挂于黑刺粉虱严重而天敌少的柑橘园中，让寄生蜂羽化后寄生于黑刺粉虱若虫；将被寄生蜂寄生的矢尖蚧多的柑橘叶片采下，放于寄于蜂保护器中，挂在矢尖蚧严重而天敌少的柑橘园中防治矢尖蚧等。

3. 改善果园环境条件

创造有利于天敌生存和繁殖的生态环境，使天敌在柑橘园中长期保持一定的数量，将害虫控制在经济受害水平之下。例如，在柑橘园内种植某些豆科作物或藿香蓟，以利用其花粉或间作物上的红蜘蛛繁殖捕食螨，再转而控制柑橘上的红蜘蛛等。在柑橘园周围种植泡桐和榆树等植物，来繁殖桑盾蚧等，作为日本方头甲、整胸寡节瓢虫和湖北红点唇瓢虫等的食料和中间宿主。又如，在柑橘园套种多年生的草本植物薄荷、留兰香，可在此类植物的叶片、茎秆上匿藏不少捕食螨、瓢虫、蜘蛛、蓟马、草蛉等天敌而防治红蜘蛛的为害。间种近年从澳大利亚引进的固氮牧草，有利于不少捕食螨、瓢虫、蓟马和草蛉等天敌匿藏和繁殖，可减少柑橘园红蜘蛛的为害。此外，增加柑橘园的湿度，有利于汤普逊多毛菌、粉虱座壳孢和红真菌的传播、侵染和繁殖。

4. 使用选择性农药

使用选择性农药是最重要的保护天敌的措施之一。如在红蜘蛛等叶螨发生时，应少喷或不喷有机磷等广谱性杀虫剂，主要喷施机油乳剂、克螨特、四螨嗪、速螨酮和三唑锡等，以减少对食螨瓢虫和捕食螨的杀害作用；防治矢尖蚧应喷施机油乳剂和噻嗪铜等对天敌低毒的药剂，少喷施或不喷施有机磷等农药，以保护矢尖蚧等的捕食和寄生天敌；在锈壁虱发生和为害较重的柑橘产区和季节，应尽量少喷施或不喷施波尔多液等杀真菌药剂，以免杀死汤普逊多毛菌，导致锈壁虱的大量发生。

5. 改变施药时间和施药方式

选择天敌少的时候喷施药。如对红蜘蛛和四斑黄蜘蛛应在早春发芽时进行化学防治，因此时天敌很少。开花后气温逐渐升高，天敌逐渐增多，一般不宜全园喷药，必要时，可用一些选择性药剂进行挑治少数虫口多的柑橘植株，尤其是不应用广谱性杀虫、杀螨剂。对矢尖蚧等发生数代较多的蚧类害虫，应提倡在第一代的 1~2 龄若虫盛发期时进行化学防治，以减少对天敌的杀伤。

附录　其他柑橘品种介绍

1. 温州蜜柑

果品特性：温州蜜柑属宽皮柑橘类水果。果扁圆，风味浓，优质，退酸稍早。树势较弱，果实中等大，单果重90~100g，果皮稍粗厚，含糖量中等，上色早，酸度下降快，9月上中旬采收，9月底风味变淡。

上市时间：主要产于浙江温州，是特早熟品种。在中亚热带地区，8月下旬可采收上市。

种植区域：广西、江西、湖南、湖北、四川、重庆、浙江、福建、云南等省区市。

优势：具有极早熟、抗逆性强，适应性广，能早产、挂果多、品质好、易栽培和管理等特点。特早熟品种，上市早，销量和价格相对好很多。

不足：中熟品种，品质不太好，尽量不要种。皮薄，不耐贮存、容易出现烂果。

2. 金秋砂糖橘

果品特性：小果型柑橘串状挂果，高糖低酸，成熟后糖度达到14°以上，酸度为0.3~0.5、无核或少核、单果重量50~70g，果皮薄且容易剥皮。

上市时间：四川省地区10月中下旬成熟，广东省、广西壮族自治区及云南省部分地区在10月初可成熟上市，最迟可挂树到翌年3月。

种植区域：四川、重庆、浙江、福建、云南、广西、广州、江西、湖南、湖北、甘肃等省市区。

优势：10月中下旬成熟，比砂糖橘早熟45天，适合所有柑橘主产区种植、高抗溃疡病。

不足：果型小，果皮薄，口感偏软，运输需注意碰撞损坏。

3. 红美人（爱媛28号）

果品特性：杂柑，果形圆，深橙色，油胞稀，光滑，外形美观，平均果重200g，易剥皮。含糖15°，含酸0.5°以下，无核，口感细嫩化渣，清香爽口，风味极佳。耐贮藏，抗寒性强，有一定的市场潜力。

上市时间：10月中旬即可上市，眉山地区出产的爱媛38号在11月底口感最好。

种植区域：四川、浙江等省地区。

优势：皮光滑极薄，果肉饱满，清香爽口，无核，口感细嫩化渣，入口即化，著有"果冻橙"之称。

不足：树易衰退黄化，要加强肥水管理，需疏果，着色早果实蝇为害严重，易落果，最适合大棚栽培，不耐贮存，种植户最好有稳定的销售途径。

4. 南丰蜜橘

果品特性：南丰蜜橘果实较小，单果重25~50g，果形扁圆，果皮薄，平均厚0.11cm，橙黄色有光泽，油胞小而密，平生或微凸，囊瓣7~10片，近肾形，囊衣薄，汁泡黄色，柔软多汁，风味浓甜，香气醇厚，种子1~3粒或无核。

上市时间：每年11月上中旬成熟。

种植区域：江西、广西等省区。

优势：营养丰富、历史悠久，至今已有1300多年的栽培历史，一般种植3年结果，6~7年丰产，因其皮薄核少、汁多少渣、色泽金黄、甜酸适口、营养丰富而享誉古今中外。

不足：种植范围广，上市时间集中，果品单价低。

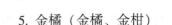

5. 金橘（金橘、金柑）

果品特性：果椭圆形或卵状椭圆形，长2~3.5cm，橙黄至橙红色，果皮味甜，厚约2mm，油胞常稍凸起，瓢囊5或4瓣，果肉味酸，有种子2~5粒；种子卵形，端尖，子叶及胚均绿色，单胚或偶有多胚。金橘的特点是果皮和果肉一起食用，嚼食后，顿觉喉间津润、满口生香。

上市时间：11月可陆续上市直到翌年5月。

种植区域：广西阳朔、融安、广东地区、台湾、福建。

优势：除了直接食用以外，金橘在水果生加工方面还具有一定的价值。还可以作为观赏盆栽。

不足：金橘是晚熟品种，在种植上需要注意防冻，霜冻天气要需盖膜处理，否则，会在雨天后裂果严重，裂果率可达到60%。广西壮族自治区其他地方以及外省不建议种植，因为少有人收购，销售不理想。

6. 椪柑

果品特性：椪柑又名芦柑，皮薄易剥，色泽鲜美，果肉橙红色、汁多、组织紧密、浓甜脆嫩、化渣爽口、籽少，且有药用功效。

上市时间：果实11月中下旬至12月成熟。

种植区域：江西省有诸如靖安，全南，湛田井源等知名椪柑生产基地，浙江省衢州，有"中国椪柑之乡"美称，广西恭城瑶族自治县也是著名的椪柑产地、湖南省泸溪、四川省青神。

优势：椪柑适应性广，丰产稳产，较耐贮藏。

不足：老品种，曾经大卖，如今大势已去，市场一般，不适合大量发展。随着种植大量减少，近几年价格有所回升，但还是比不过新品种，建议少种或不种。

7. W. 默科特

果品特性：果形扁圆形，果实底部较平，果皮红色艳丽且质地较细腻，果实外观非常吸引人。含糖量高，并有一定的酸味。囊瓣易分离，果皮易剥，果实多汁。

上市时间：2月上旬至3月上旬成熟，可挂果至4月。

种植区域：重庆江津，云阳，开县和广西桂林，广东，贵州等省市区。

优势：外观好、生理落果少、日灼果少、产量高、管理相对较容易。

不足：不够耐寒，果实挂树越冬易受低温冻害。有隔年结果倾向且有大小果，需要选择性疏除。

8. 赣南脐橙

果品特性：果大，一般每个250g，橙红鲜艳，光洁美观，可食率达85%，颜色偏红，比其他产地的橙子颜色略深；果皮光滑、细腻，果形以椭圆形多见。可食率达85%，肉质脆嫩、化渣，风味浓甜芳香，含果汁55%以上。

上市时间：11月下旬至12月上旬。

种植区域：江西省赣南

优势：赣南脐橙已被列为全国十一大优势农产品之一，荣获"中华名果"等称号。赣南脐橙作为江西省唯一产品，入围商务部、质检总局中欧地理标志协定谈判的地理标志产品清单。

不足：皮厚，不易剥皮。

9. 马水橘

果品特性：马水橘果皮光滑较薄，皮色橙黄，无青果；果肉肉质细嫩，汁较多化渣，口感清甜、稍带蜜味和清爽的桔香味。

上市时间：1月中旬至2月上旬上市。

种植区域：广东、广西等省区。

优势：抗性强、着果稳、易于管理、早结丰产、采果期正值春节前后。

不足：品质略逊于砂糖橘、结果过多时结果过多时易造成果小品质差和大小年，影响销售、过迟采收果实易返青。

10. 春见（耙耙柑）

果品特性：单果重 242g，纵径 7.07cm，横径 7.69cm，果皮厚 0.31cm；可溶性固形物 14.5%，可食率 76.64%，维生素 C30.5mg/100g。

上市时间：12 月中下旬，最迟可挂树到翌年 4 月。

种植区域：春见属晚熟杂柑品种，是日本最有发展前途的杂交柑良种。在重庆市成熟期为 12 月中旬；适宜福建省三明、南平、龙岩、福州市等地 12 月中旬极端温度 -2℃ 以上区域种植。

优势：果皮橙黄色，果面光滑，有光泽，油胞细密，较易剥皮。果肉橙色，肉质脆嫩、多汁、囊壁薄、极化渣，糖度高，风味浓郁，酸甜适口，无核，品质优。

不足：适合四川省重庆市等寡照地区，不能大范围的推广。

11. 大雅柑

果品特性：成熟果实果面黄色，光滑，富光泽，油胞细密，果皮较薄，厚 2.2~4.0mm，极易剥皮，无核。可溶性固形物达 16%，总酸 0.35g/100mL 果汁，维生素 C 含量 32mg/100mL 果汁，果肉脆嫩化渣。

上市时间：比春见稍微晚熟，翌年 1 月上市。

种植区域：四川、重庆等省市地区。

优势：坐果率高、早果丰产性强、春节上市、丰产、高糖、肉质细嫩、品质优

不足：果皮薄，挂树越冬易受低温冻害，需要套袋延迟采收、生产成本高，不耐贮运、损耗高。

12. 不知火（丑柑、秃顶柑）

果品特性：单果重 200~280g，是宽皮柑橘中的大果形，果形倒卵形或扁球形。

上市时间：翌年 2—3 月。

种植区域：四川省眉山、蒲江地区。

优势：味极甜，糖度可达 14°～18°，果肉清脆，咬在嘴里清脆化渣，风味极好。

不足：枳壳砧树弱，抗病力差，必须套袋，果品成熟周期长，越冬极端天气风险大，养护成本高，有大小年。

13. 茂谷柑

果品特性：果实中等大，外表光滑、橙黄色、果肉橙红色、果汁多，酸甜适中、风味极浓。

上市时间：2 月至 3 月中旬。

种植区域：广西、云南、福建、重庆和广东等省市区。

优势：早结丰产、亲和力强、抗寒性强、晚熟。

不足：壳砧树弱，管理要求高，易落果、易裂果、日灼果特严重，要涂白防晒，对气候的要求较高。

参考文献

陈杰.2017.脐橙优质丰产栽培［M］.北京：中国科学技术出版社.

陈煜.2012.沙田柚高产栽培技术［M］.北京：科学普及出版社.

淳长品.2017.柑橘高产优质栽培与病虫害防治图解［M］.北京：化学工业出版社.

黄其椿，陈东奎.2019.广西沃柑生产技术与经营［M］.南宁：广西科学技术出版社.

刘建军.2018.科学种植柑橘［M］.成都：四川科学技术出版社.

区善汉.2018.图说砂糖橘优质高效栽培技术［M］.北京：中国农业出版社.